中文版
Photoshop CS6
基础培训教程
全彩版

数字艺术教育研究室 编著

人民邮电出版社
北京

图书在版编目（CIP）数据

中文版Photoshop CS6基础培训教程：全彩版 / 数字艺术教育研究室编著. -- 北京：人民邮电出版社，2022.6（2023.12重印）
ISBN 978-7-115-58098-6

Ⅰ．①中⋯ Ⅱ．①数⋯ Ⅲ．①图像处理软件—教材
Ⅳ．①TP391.413

中国版本图书馆CIP数据核字(2021)第270613号

内 容 提 要

本书全面系统地介绍 Photoshop CS6 的基本操作方法和图形图像处理技巧，内容包括图像处理基础知识、Photoshop CS6 简介、绘制和编辑选区、绘制图像、修饰图像、编辑图像、绘制和编辑图形及路径、调整图像的色彩和色调、图层的应用、应用文字与蒙版、使用通道与滤镜、商业案例实训等。

本书以课堂案例为主线，通过对各案例实际操作的讲解，帮助读者快速上手，熟悉软件功能和艺术设计思路。书中的软件功能解析部分，可以使读者深入学习软件功能；课堂练习和课后习题，可以提高读者的实际应用能力，使读者掌握软件使用技巧；商业案例实训，可以帮助读者快速掌握商业图形图像的设计理念和设计元素，顺利达到实战水平。

本书附带学习资源，内容包括书中所有案例的素材、效果文件及在线视频，读者可通过在线方式获取这些资源，具体方法请参看本书前言。

本书适合作为院校和培训机构艺术专业课程的教材，也可作为 Photoshop 自学人士的参考用书。

◆ 编　　著　数字艺术教育研究室
　　责任编辑　张丹丹
　　责任印制　马振武

◆ 人民邮电出版社出版发行　　北京市丰台区成寿寺路 11 号
　　邮编　100164　电子邮件　315@ptpress.com.cn
　　网址　https://www.ptpress.com.cn
　　北京捷迅佳彩印刷有限公司印刷

◆ 开本：787×1092　1/16
　　印张：18.5　　　　　　　　2022 年 6 月第 1 版
　　字数：490 千字　　　　　　2023 年 12 月北京第 3 次印刷

定价：79.90 元

读者服务热线：(010)81055410　印装质量热线：(010)81055316
反盗版热线：(010)81055315
广告经营许可证：京东市监广登字 20170147 号

前　言

Photoshop CS6 是 Adobe 公司开发的图形图像编辑软件，它功能强大、易学易用，深受图形图像处理爱好者和平面设计人员的喜爱，已经成为这一领域非常流行的软件。目前，我国很多院校和培训机构的艺术专业，都将 Photoshop 作为一门重要的专业课程。为了帮助院校和培训机构的教师全面、系统地讲授这门课程，也为了帮助读者熟练使用 Photoshop 进行设计创意，数字艺术教育研究室组织院校从事 Photoshop 教学的教师和专业平面设计公司经验丰富的设计师共同编写了本书。

我们对本书的编写体例做了精心的设计，按照"课堂案例—软件功能解析—课堂练习—课后习题"这一思路进行编排。力求通过课堂案例演练使读者快速熟悉软件功能和艺术设计思路；通过软件功能解析使读者深入学习软件功能；通过课堂练习和课后习题，提高读者的实际应用能力。在内容编写方面，力求细致全面、突出重点；在文字叙述方面，注意言简意赅、通俗易懂；在案例选取方面，注重案例的针对性和实用性。

本书附带学习资源，内容包括书中所有案例的素材及效果文件。读者在学完本书内容以后，可以调用这些资源进行深入练习。这些学习资源文件均可在线获取，扫描"资源获取"二维码，关注"数艺设"的微信公众号，即可得到资源文件获取方式，并且可以通过该方式获得在线视频的观看地址。另外，购买本书作为授课教材的教师也可以通过该方式获得教师专享资源，其中包括教学大纲、电子教案、PPT 课件，以及课堂案例、课堂练习和课后习题的教学视频等。如需资源获取技术支持，请致函 szys@ptpress.com.cn。本书的参考学时为 64 学时，其中实训环节为 26 学时，各章的参考学时请参见下面的学时分配表。

章　序	课　程　内　容	学　时　分　配	
		讲　授	实　训
第 1 章	图像处理基础知识	1	
第 2 章	初识 Photoshop CS6	1	
第 3 章	绘制和编辑选区	3	2
第 4 章	绘制图像	3	2
第 5 章	修饰图像	3	2
第 6 章	编辑图像	3	2
第 7 章	绘制和编辑图形及路径	4	3
第 8 章	调整图像的色彩和色调	4	3
第 9 章	图层的应用	4	3
第 10 章	应用文字与蒙版	4	3
第 11 章	使用通道与滤镜	3	2
第 12 章	商业案例实训	5	4
学　时　总　计		38	26

由于编者水平有限，书中难免存在不足之处，敬请广大读者批评指正。

编　者
2022 年 3 月

资源与支持

本书由"数艺设"出品，"数艺设"社区平台（www.shuyishe.com）为您提供后续服务。

学习资源

所有案例的素材、效果文件和在线视频

教师专享资源

教学大纲

电子教案

PPT课件

教学视频

资源获取请扫码

"数艺设"社区平台，为艺术设计从业者提供专业的教育产品。

与我们联系

我们的联系邮箱是 szys@ptpress.com.cn。如果您对本书有任何疑问或建议，请您发邮件给我们，并请在邮件标题中注明本书书名及ISBN，以便我们更高效地做出反馈。

如果您有兴趣出版图书、录制教学课程，或者参与技术审校等工作，可以发邮件给我们。如果学校、培训机构或企业想批量购买本书或"数艺设"出版的其他图书，也可以发邮件联系我们。

如果您在网上发现针对"数艺设"出品图书的各种形式的盗版行为，包括对图书全部或部分内容的非授权传播，请您将怀疑有侵权行为的链接通过邮件发给我们。您的这一举动是对作者权益的保护，也是我们持续为您提供有价值的内容的动力之源。

关于"数艺设"

人民邮电出版社有限公司旗下品牌"数艺设"，专注于专业艺术设计类图书出版，为艺术设计从业者提供专业的图书、视频电子书、课程等教育产品。出版领域涉及平面、三维、影视、摄影与后期等数字艺术门类，字体设计、品牌设计、色彩设计等设计理论与应用门类，UI设计、电商设计、新媒体设计、游戏设计、交互设计、原型设计等互联网设计门类，环艺设计手绘、插画设计手绘、工业设计手绘等设计手绘门类。更多服务请访问"数艺设"社区平台www.shuyishe.com。我们将提供及时、准确、专业的学习服务。

目　录

第1章

图像处理基础知识

本章介绍

本章主要介绍 Photoshop CS6 图像处理的基础知识，包括位图与矢量图、分辨率、图像的色彩模式及常用的图像文件格式等。通过对本章的学习，读者可以快速掌握这些基础知识，从而更快、更准确地处理图像。

学习目标

- 了解位图和矢量图的概念。
- 了解分辨率的类型。
- 熟悉图像的不同色彩模式。
- 熟悉软件常用的图像文件格式。

1.1 位图和矢量图

图像文件可以分为两大类：位图和矢量图。在绘图或处理图像的过程中，这两种类型的图像可以交叉使用。

1.1.1 位图

位图也叫点阵图，它是由许多单独的小方块组成的，这些小方块被称为像素。每个像素都有特定的位置和颜色值，位图的显示效果与像素是紧密联系在一起的，不同排列和着色的像素组合在一起，就构成了一幅色彩丰富的图像。像素越多，图像的分辨率越高，相应地，图像文件的数据量也会越大。

一幅位图的原始效果如图 1-1 所示，使用放大工具放大后，可以清晰地看到像素的形状与颜色，如图 1-2 所示。

图 1-1   图 1-2

位图与分辨率有关，如果在屏幕上以较大的倍数放大显示图像，或以低于创建时的分辨率打印图像，图像就会出现锯齿状的边缘，并且会丢失细节。

1.1.2 矢量图

矢量图也叫向量图，它是以矢量方式来记录图像内容的。矢量图中的各种图形元素被称为对象，每一个对象都是独立的个体，都具有大小、颜色、形状、轮廓等属性。

矢量图与分辨率无关，可以将它设置为任意大小，其清晰度不变，也不会出现锯齿状的边缘。在任何分辨率下显示或打印矢量图，都不会损失细节。一幅矢量图的原始效果如图 1-3 所示，使用放大工具放大后，其清晰度不变，如图 1-4 所示。

图 1-3   图 1-4

矢量图所占的存储空间较小，但这种图形的缺点是不易制作色调丰富的图像，而且绘制出来的图形无法像位图那样精确地描绘各种绚丽的景象。

1.2　分辨率

分辨率是用于描述图像文件信息的术语，可分为图像分辨率、屏幕分辨率和输出分辨率。下面将分别进行讲解。

1.2.1　图像分辨率

在 Photoshop CS6 中，图像的分辨率是指图像中每单位长度上的像素数目，其单位为像素/英寸或像素/厘米。

相同尺寸的两幅图像，高分辨率的图像包含的像素比低分辨率的图像包含的像素多。例如，一幅尺寸为 1 英寸×1 英寸的图像（1 英寸≈2.54 厘米），其分辨率为 72 像素/英寸，这幅图像包含 5184（72×72＝5184）像素；同样尺寸，分辨率为 300 像素/英寸的图像包含 90000 像素。相同尺寸下，分辨率为 72 像素/英寸的图像效果如图 1-5 所示，分辨率为 10 像素/英寸的图像效果如图 1-6 所示。由此可见，在相同尺寸下，高分辨率的图像更能清晰地表现图像内容。

图 1-5　　　　　　　　　　图 1-6

> **提示**　如果一幅图像所包含的像素是固定的，增加图像尺寸后，会降低图像的分辨率。

1.2.2　屏幕分辨率

屏幕分辨率是显示器上每单位长度显示的像素数目。屏幕分辨率取决于显示器大小及其像素设置。计算机显示器的分辨率一般约为 72 像素/英寸。在 Photoshop CS6 中，图像像素被直接转换成显示器像素，当图像分辨率高于显示器分辨率时，屏幕中显示的图像尺寸比实际尺寸要大。

1.2.3　输出分辨率

输出分辨率是照排机或打印机等输出设备产生的每英寸的油墨点数（dpi）。打印机的分辨率为 300 像素/英寸时，可以使图像获得比较好的效果。

1.3 图像的色彩模式

Photoshop CS6 提供了多种色彩模式，这些色彩模式正是作品能够在屏幕和印刷品上成功表现的重要保障。在这些色彩模式中，经常使用的有 CMYK 模式、RGB 模式及灰度模式。另外，还有索引模式、Lab 模式、HSB 模式、位图模式、双色调模式、多通道模式等。这些模式可以在模式菜单下选取，每种色彩模式都有不同的色域，并且各个模式之间可以相互转换。下面将介绍主要的色彩模式。

1.3.1 CMYK 模式

CMYK 代表了印刷上用的 4 种油墨颜色：C 代表青色，M 代表洋红色，Y 代表黄色，K 代表黑色。CMYK 颜色控制面板如图 1-7 所示。

CMYK 模式在印刷时应用了色彩学中的减法混合原理，因此是一种减色模式，它是图片、插图和其他 Photoshop 作品中较常用的一种印刷方式。因为在印刷中通常都要进行四色分色，出四色胶片，然后进行印刷。

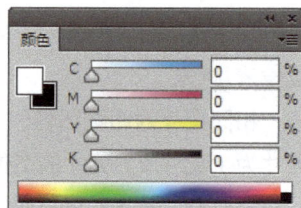

图 1-7

1.3.2 RGB 模式

与 CMYK 模式不同的是，RGB 模式是一种加色模式，它通过把红、绿、蓝 3 种色光相叠加而形成更多的颜色。RGB 是色光的色彩模式，一幅 24bit 的 RGB 图像有 3 个色彩信息的通道：红色（R）、绿色（G）和蓝色（B）。RGB 颜色控制面板如图 1-8 所示。

每个通道都有 8bit 的色彩信息，即一个 0 ~ 255 的亮度值色域。也就是说，每一种色彩都有 256 个亮度水平级。3 种色彩相叠加，可以有 $256 \times 256 \times 256 = 16777216$ 种可能的颜色，这么多种颜色足以表现出绚丽多彩的世界。

在 Photoshop CS6 中编辑图像时，建议选择 RGB 模式。

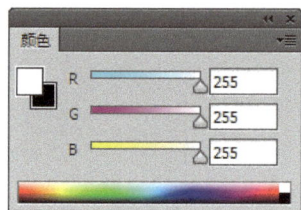

图 1-8

1.3.3 灰度模式

灰度图又叫 8 bit 深度图。每个像素用 8 个二进制位（bit）表示，能产生 2^8（即 256）级灰色调。当一个彩色文件被转换为灰度模式的文件时，所有的颜色信息都将从文件中丢失。尽管 Photoshop CS6 允许将一个灰度模式的文件转换为彩色模式的文件，但不可能将原来的颜色完全还原。所以，当要把图像转换为灰度模式时，应先做好图像的备份。

与黑白照片一样，一个灰度模式的图像只有明暗值，没有色相和饱和度这两种颜色信息。0%代表白，100%代表黑，其中的 K 值用于衡量黑色油墨用量。灰度模式的颜色控制面板如图 1-9 所示。

图 1-9

1.4　常用的图像文件格式

用 Photoshop CS6 制作或处理好一幅图像后，就要进行存储。这时，选择一种合适的文件格式就显得十分重要。Photoshop CS6 有 20 多种文件格式。在这些文件格式中，既有 Photoshop 的专用格式，也有用于应用程序交换的文件格式，还有一些比较特殊的格式。下面将介绍几种常用的文件格式。

1.4.1　PSD 格式和 PDD 格式

PSD 格式和 PDD 格式是 Photoshop CS6 自身的专用文件格式，能够保存图像数据的细小部分，如图层、蒙版、通道等 Photoshop CS6 对图像进行特殊处理的信息。在没有最终决定图像的存储格式前，最好先以这两种格式存储。另外，Photoshop CS6 打开和存储这两种格式的文件比其他格式更快。但是，这两种格式也有缺点，它们所存储的图像文件特别大，占用的磁盘空间较多。

1.4.2　TIFF 格式和 TIF 格式

TIFF 格式是标签图像格式。它可以用于 Windows、Mac OS 及 UNIX 工作站三大平台，是这三大平台上使用很广泛的绘图格式。

用 TIF 格式存储时应考虑文件的大小，因为 TIF 格式的结构要比其他格式更复杂。TIF 格式支持 24 个通道，能存储多于 4 个通道的文件。TIF 格式非常适合用于印刷和打印输出。

1.4.3　GIF 格式

GIF 格式的图像文件比较小，一般会形成一种压缩的 8 bit 图像文件。因此，通常用这种格式的文件来缩短图像的加载时间。在网络中传送图像文件时，传送 GIF 格式的图像文件要比传送其他格式的图像文件快得多。

1.4.4　JPEG 格式

JPEG 格式既是 Photoshop CS6 支持的一种文件格式，也是一种压缩方案。与 TIF 文件格式采用的无损压缩相比，JPEG 格式的压缩比例更大。但它使用的有损压缩会丢失部分数据。用户可以在存储前选择图像的最好质量，这样可以控制数据的损失程度。

1.4.5　EPS 格式

EPS 格式是 Illustrator 和 Photoshop 之间交换数据的文件格式。Illustrator 软件制作出来的流动曲线、简单图形和专业图像一般都存储为 EPS 格式。Photoshop 可以打开这种格式的文件。在 Photoshop 中，也可以把图形文件存储为 EPS 格式，以在排版类的 InDesign 和绘图类的 Illustrator 等软件中使用。

1.4.6　选择合适的图像文件存储格式

可以根据工作任务的需要选择合适的图像文件存储格式。

印刷：TIF、EPS。

出版物：PDF。

网络图像：GIF、JPEG、PNG。

Photoshop 图像处理：PSD、PDD、TIF。

第2章

初识 Photoshop CS6

本章介绍

本章对 Photoshop CS6 的基本操作进行讲解。通过对本章的学习，读者可以对 Photoshop CS6 的各项功能有一个初步的了解，有助于读者在制作图像的过程中快速找到相应功能。

学习目标

- 熟悉软件的工作界面和文件的操作。
- 掌握图像的显示效果和辅助线的设置方法。
- 掌握图像和画布尺寸的调整方法及绘图颜色的设置方法。
- 掌握图层的基本操作方法。

2.1 工作界面

熟悉工作界面是学习 Photoshop CS6 的基础。熟练掌握工作界面的内容，有助于读者日后得心应手地驾驭 Photoshop CS6。Photoshop CS6 的工作界面主要由菜单栏、工具箱、属性栏、状态栏和控制面板组成，如图 2-1 所示。

图 2-1

菜单栏：菜单栏中共包含 11 个菜单。利用菜单命令可以完成编辑图像、调整色彩、添加滤镜效果等操作。

工具箱：工具箱中包含了多个工具。利用不同的工具可以完成图像的绘制、编辑等操作。

属性栏：属性栏是工具箱中各个工具的功能扩展。通过在属性栏中设置不同的选项，可以快速完成多样化的操作。

状态栏：状态栏可以提供当前文件的显示比例、文档大小、当前工具、暂存盘大小等信息。

控制面板：控制面板是 Photoshop CS6 工作界面的重要组成部分。通过不同的功能面板，可以完成在图像中填充颜色、设置图层、添加样式等操作。

2.1.1 菜单栏

1. 菜单分类

Photoshop CS6 的菜单依次为："文件"菜单、"编辑"菜单、"图像"菜单、"图层"菜单、"文字"菜单、"选择"菜单、"滤镜"菜单、"3D"菜单、"视图"菜单、"窗口"菜单及"帮助"菜单，如图 2-2 所示。

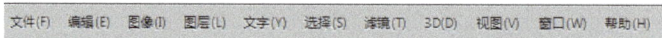

图 2-2

"文件"菜单：包含了各种文件操作命令。"编辑"菜单：包含了各种编辑文件的操作命令。"图像"菜单：包含了各种改变图像的大小、颜色等的操作命令。"图层"菜单：包含了各种调整图像中图层的操作命令。"文字"菜单：包含了各种对文字的编辑和调整功能。"选择"菜单：包含了各种关于选区的操作命令。"滤镜"菜单：包含了各种添加滤镜效果的操作命令。"3D"菜单：包含了创建 3D 模型、编辑 3D 属性、调整纹理及编辑光线等命令。"视图"菜单：包含了各种对视图进行设置的操作命令。"窗口"菜单：包含了各种显示或隐藏控制面板的命令。"帮助"菜单：包含了各种帮助信息。

2. 菜单命令

有些菜单命令的右侧有一个黑色的三角形▶，表示该菜单命令中含有子菜单。把鼠标指针移到带有三角形的菜单命令上，就会显示出其子菜单，如图 2-3 所示。

当菜单命令不符合运行的条件时，就会显示为灰色，即不可执行状态。例如，在 CMYK 模式下，滤镜菜单中的部分菜单命令将变为灰色，不能使用。

当菜单命令后面显示"…"符号时，如图 2-4 所示，表示单击此菜单命令可以弹出相应的对话框，可以在对话框中进行相应的设置。

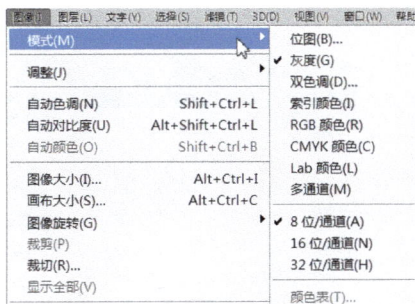
图 2-3

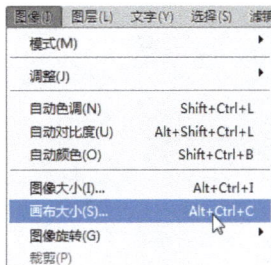
图 2-4

3. 显示或隐藏菜单命令

可以根据操作需要显示或隐藏指定的菜单命令。选择"窗口 ＞ 工作区 ＞ 键盘快捷键和菜单"命令，弹出"键盘快捷键和菜单"对话框，如图 2-5 所示。

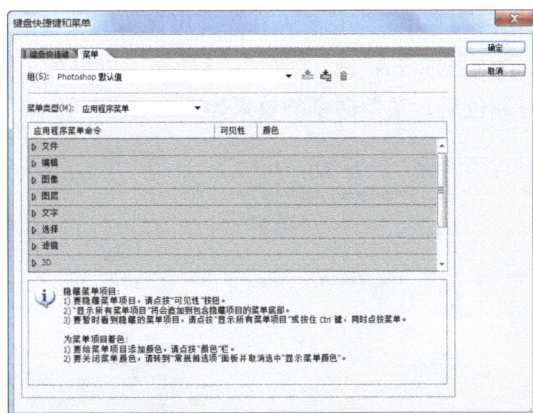
图 2-5

单击"应用程序菜单命令"栏中命令左侧的三角形按钮▷，将展开详细的菜单命令，如图 2-6 所示。单击"可见性"栏中的眼睛图标👁，可将其相对应的菜单命令隐藏，如图 2-7 所示。单击"可见性"栏中的☐图标，可以再次显示菜单命令。

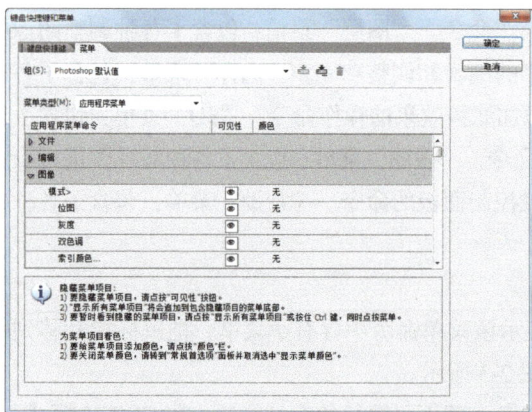 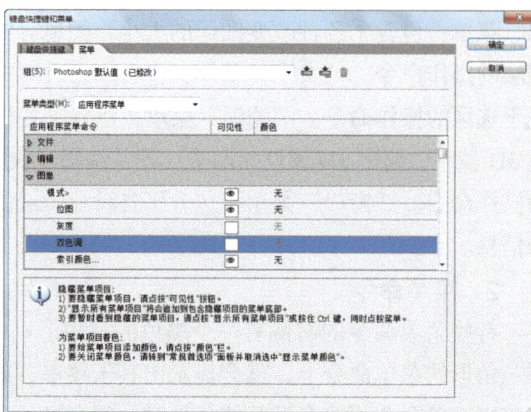

图 2-6 图 2-7

设置完成后，单击"存储对当前菜单组的所有更改"按钮 ，可以保存当前的设置。也可以单击"根据当前菜单组创建一个新组"按钮 ，将当前的修改创建为一个新组。隐藏菜单命令前后的菜单效果如图 2-8 和图 2-9 所示。

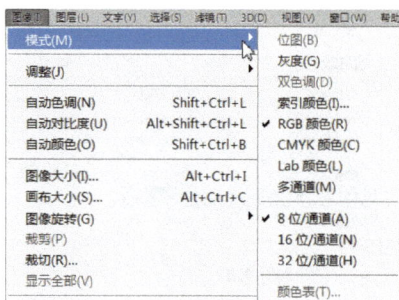 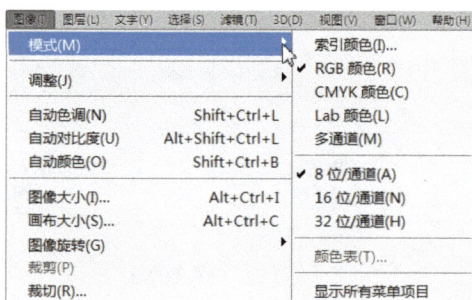

图 2-8 图 2-9

4．突出显示菜单命令

如果想要突出显示某个菜单命令，可以为其设置颜色。选择"窗口 > 工作区 > 键盘快捷键和菜单"命令，弹出"键盘快捷键和菜单"对话框，在要突出显示的菜单命令后面单击"无"，在弹出的下拉列表中可以选择需要的颜色标注命令，如图 2-10 所示。可以为不同的菜单命令设置不同的颜色，如图 2-11 所示。设置好颜色后，菜单命令的效果如图 2-12 所示。

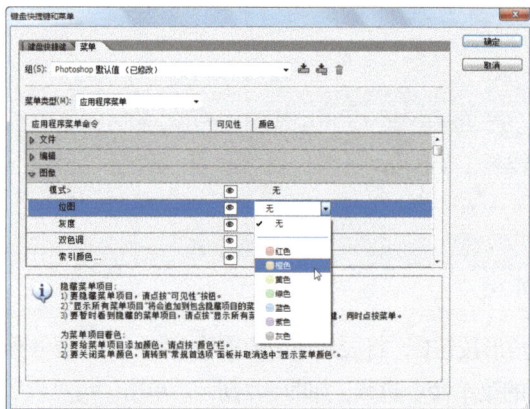 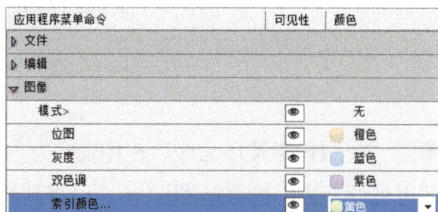

图 2-10 图 2-11

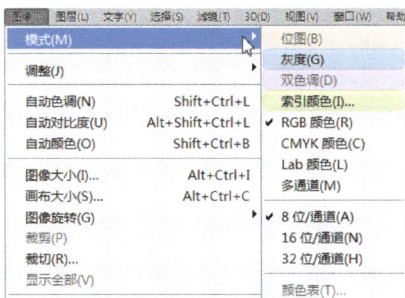

图 2-12

　如果要暂时取消显示菜单命令的颜色，可以选择"编辑 > 首选项 > 常规"命令，在弹出的对话框中选择"界面"选项，然后取消勾选"显示菜单颜色"复选框。

5．键盘快捷键

当要选择菜单命令时，可以使用菜单命令旁标注的快捷键。例如，要选择"文件 > 打开"命令，直接按 Ctrl+O 组合键即可。

按住 Alt 键的同时，按菜单栏中菜单文字后面的字母键，可以打开相应的菜单，再按菜单命令中带括号的字母键，即可执行相应的命令。例如，要选择"选择"命令，按 Alt+S 组合键即可弹出菜单，要想选择菜单中的"色彩范围"命令，再按 C 键即可。

为了更方便地使用常用的命令，Photoshop CS6 提供了自定义键盘快捷键和保存键盘快捷键的功能。

选择"窗口 > 工作区 > 键盘快捷键和菜单"命令，弹出"键盘快捷键和菜单"对话框，选择"键盘快捷键"选项卡，如图 2-13 所示。对话框下面的信息栏说明了快捷键的设置方法。在"组"选项中可以选择要设置快捷键的组合，在"快捷键用于"选项中可以选择需要设置快捷键的菜单或工具，在下面的选项中可以选择需要设置的命令或工具，如图 2-14 所示。

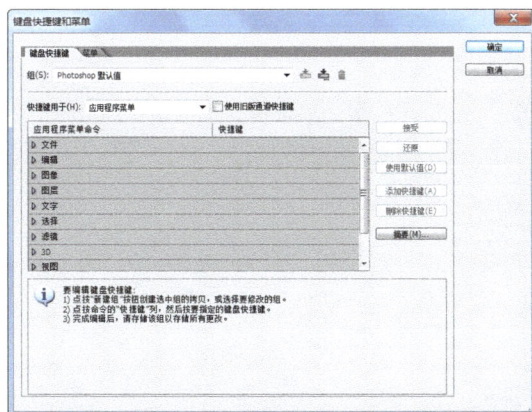

图 2-13

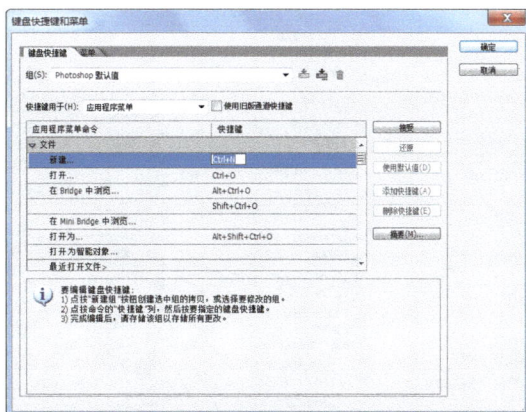

图 2-14

设置好新的快捷键后，单击对话框右上方的"根据当前的快捷键组创建一组新的快捷键"按钮，弹出"存储"对话框，在"文件名"文本框中输入名称，如图 2-15 所示，然后单击"保存"按钮，保存新的快捷键设置。这时，在"组"选项中即可选择新的快捷键设置，如图 2-16 所示。

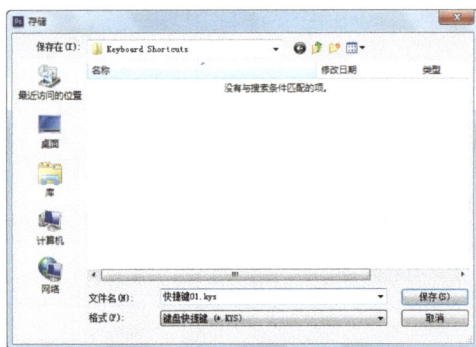

图 2-15   图 2-16

更改快捷键设置后，单击"存储对当前快捷键组的所有更改"按钮 ，可以对设置进行存储，单击"确定"按钮，可以应用更改的快捷键设置。要将快捷键的设置删除，可以在对话框中单击"删除当前的快捷键组合"按钮 ，Photoshop CS6 会自动还原为默认设置。

> **提示**　在为控制面板或应用程序菜单中的命令定义快捷键时，必须包括Ctrl键或一个功能键。在为工具箱中的工具定义快捷键时，必须使用 A～Z 的字母。

2.1.2　工具箱

Photoshop CS6 的工具箱中有选择工具、绘图工具、填充工具、编辑工具、颜色选择工具、屏幕视图工具、快速蒙版工具等，如图 2-17 所示。想要了解某个工具的具体名称，可以将鼠标指针放置在这个工具的上方，此时会出现一个黄色的框，上面会显示该工具的具体名称，如图 2-18 所示。工具名称后面括号中的字母代表选择此工具的快捷键，只要在键盘上按该字母键，就可以快速切换到相应的工具。

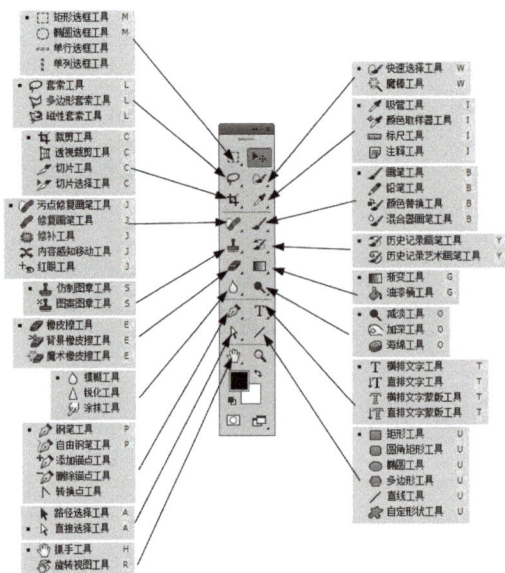

图 2-17   图 2-18

Photoshop CS6 的工具箱可以根据需要在单栏与双栏之间自由切换。当工具箱显示为双栏时，如图 2-19 所示。单击工具箱上方的双箭头图标，工具箱即可转换为单栏，如图 2-20 所示。

图 2-19   图 2-20

在工具箱中，部分工具图标的右下方有一个黑色的小三角，表示该工具下还有隐藏的工具。在工具箱中有小三角的工具图标上按住鼠标左键不放，可以弹出隐藏的工具选项，如图 2-21 所示。将鼠标指针移动到需要的工具图标上单击，即可选择该工具。

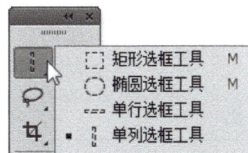

图 2-21

要想恢复工具的默认设置，可以选择该工具，然后在相应的工具属性栏中，用鼠标右键单击工具图标，在弹出的菜单中选择"复位工具"命令，如图 2-22 所示。

图 2-22

当选择了工具箱中的工具后，鼠标指针就会变为对应的工具图标。例如，选择裁剪工具，鼠标指针就显示为裁剪工具的图标，如图 2-23 所示。

选择画笔工具，鼠标指针显示为画笔工具的对应图标，如图 2-24 所示。按 Caps Lock 键，鼠标指针会转换为精确的十字形，如图 2-25 所示。

图 2-23   图 2-24   图 2-25

2.1.3　属性栏

当选择某个工具时，会出现相应的工具属性栏，通过属性栏可以对工具进行进一步的设置。例如，当选择魔棒工具时，工作界面的上方会出现相应的魔棒工具属性栏，可以应用属性栏中的选项对魔棒工具做进一步的设置，如图 2-26 所示。

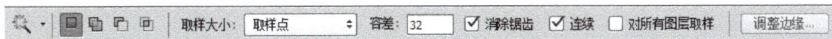

图 2-26

2.1.4 状态栏

打开一幅图像时，工作界面的下方会出现该图像的状态栏，如图 2-27 所示。

显示比例区 —— 100% —— 文档:75.6K/75.6K —— 图像信息区

图 2-27

状态栏的左侧显示当前图像缩放显示的百分数。在显示比例区的文本框中输入数值，可以改变当前图像的显示比例。

状态栏的中间部分显示当前图像的文件信息，单击状态栏右侧的三角形图标 ▶，在弹出的菜单中可以选择当前图像的相关信息，如图 2-28 所示。

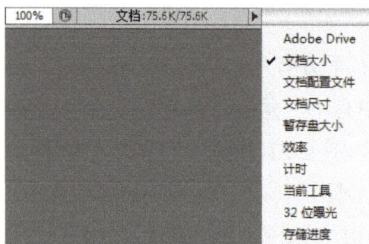

图 2-28

2.1.5 控制面板

控制面板是 Photoshop 工作界面的一个重要组成部分。Photoshop CS6 为用户提供了多个控制面板。

可以根据需要对控制面板进行收缩与展开。控制面板的展开状态如图 2-29 所示。单击控制面板上方的双箭头图标 ▶▶，可以将控制面板收缩，如图 2-30 所示。如果要展开某个控制面板，可以直接单击其选项卡，相应的控制面板就会自动弹出，如图 2-31 所示。

图 2-29

图 2-30

图 2-31

若需要拆分出某个控制面板，可以选中该控制面板的选项卡并向工作区拖曳，如图 2-32 所示，选中的控制面板将被拆分出来，如图 2-33 所示。

图 2-32   图 2-33

可以根据需要将两个或多个控制面板组合到一个面板组中，这样可以节省操作的空间。要组合控制面板，可以选中外部控制面板的选项卡，将其拖曳到要组合的面板组中，面板组周围出现蓝色的边框，如图 2-34 所示，此时，释放鼠标，控制面板将被组合到面板组中，如图 2-35 所示。

单击控制面板右上方的 ▼≡ 按钮，可以弹出控制面板的菜单，如图 2-36 所示。

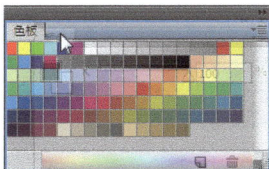  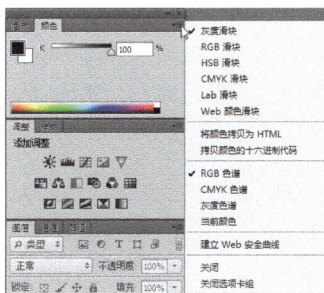

图 2-34   图 2-35   图 2-36

按 Tab 键，可以隐藏工具箱和控制面板；再次按 Tab 键，可以显示出隐藏的部分。按 Shift+Tab 组合键，可以隐藏控制面板；再次按 Shift+Tab 组合键，可以显示出隐藏的部分。

提示　按 F5 键可以显示或隐藏"画笔"控制面板，按 F6 键可以显示或隐藏"颜色"控制面板，按 F7 键可以显示或隐藏"图层"控制面板，按 F8 键可以显示或隐藏"信息"控制面板，按 Alt+F9 组合键可以显示或隐藏"动作"控制面板。

可以依据操作习惯自定义工作区、存储控制面板及设置工具的排列方式，设计出个性化的 Photoshop CS6 界面。

设置完工作区后，选择"窗口 > 工作区 > 新建工作区"命令，弹出"新建工作区"对话框，如图 2-37 所示。输入工作区的名称，单击"存储"按钮，即可将自定义的工作区进行存储。

如果要使用自定义的工作区，可以在"窗口 > 工作区"的子菜单中选择新保存的工作区名称。如果要恢复使用

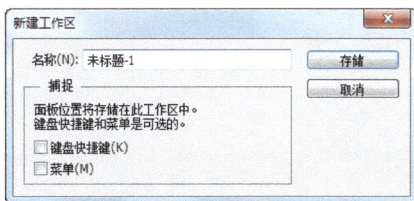

图 2-37

Photoshop CS6 默认的工作区，可以选择"窗口 > 工作区 > 复位基本功能"命令进行恢复。选择"窗口 > 工作区 > 删除工作区"命令，可以删除自定义的工作区。

2.2　文件操作

在学习制作作品之前，首先要掌握文件的基本操作方法。下面将具体进行介绍。

2.2.1　新建文件

选择"文件 > 新建"命令，或按 Ctrl+N 组合键，弹出"新建"对话框，如图 2-38 所示。在该对话框中可以设置新建文件的名称、宽度、高度、分辨率、颜色模式等选项，设置完成后单击"确定"按钮，即可新建文件，如图 2-39 所示。

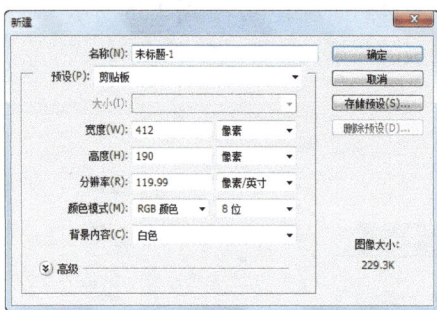

图 2-38

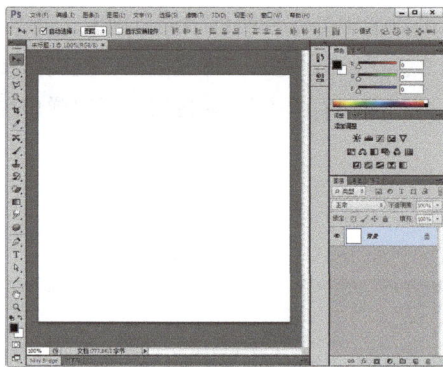

图 2-39

2.2.2　打开文件

选择"文件 > 打开"命令，或按 Ctrl+O 组合键，弹出"打开"对话框，在对话框中搜索路径和文件，确认文件类型和名称，如图 2-40 所示，单击"打开"按钮，或直接双击文件，即可打开所指定的图像文件，如图 2-41 所示。

图 2-40

图 2-41

提示　在"打开"对话框中，一次也可以打开多个文件，只要在文件列表中将所需的几个文件选中，并单击"打开"按钮即可。在"打开"对话框中选择文件时，按住 Ctrl 键的同时，用鼠标单击，可以选择不连续的多个文件。按住 Shift 键的同时，用鼠标单击，可以选择连续的多个文件。

2.2.3 保存文件

选择"文件 > 存储"命令，或按 Ctrl+S 组合键，可以存储文件。当设计好的作品进行第一次存储时，选择"文件 > 存储"命令，将弹出"存储为"对话框，如图 2-42 所示。在对话框中输入文件名并选择文件格式后，单击"保存"按钮，即可将文件保存。

图 2-42

提示 当对已存储过的图像文件进行各种编辑操作后，选择"存储"命令，将不再弹出"存储为"对话框，计算机直接保存最终确认的结果，并覆盖原始文件。

2.2.4 关闭文件

选择"文件 > 关闭"命令，或按 Ctrl+W 组合键，可以关闭文件。关闭文件时，若当前文件被修改过或是新建的文件，则会弹出提示框，如图 2-43 所示，单击"是"按钮即可存储并关闭文件。

图 2-43

2.3 图像的显示

使用 Photoshop CS6 编辑图像时，可以改变图像的显示比例，使工作更便捷、高效。

2.3.1　100%显示图像

100%显示图像的效果如图 2-44 所示。在此状态下可以对图像进行精确的编辑。

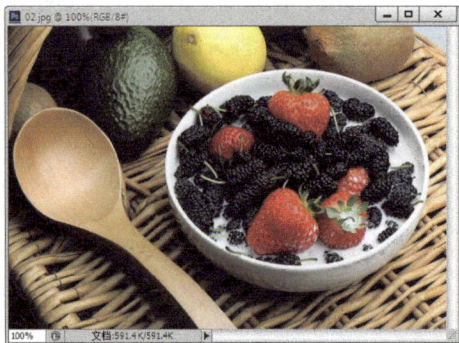

图 2-44

2.3.2　放大显示图像

选择缩放工具，在图像窗口中，鼠标指针变为 形状，每单击一次鼠标，图像就会放大一级。例如，当图像以 100%的比例显示时，在图像窗口中单击一次，图像则以 200%的比例显示，效果如图 2-45 所示。

当要放大一个指定的区域时，在需要的区域按住鼠标左键不放，选中的区域就会放大显示，放大到需要的大小后释放鼠标，如图 2-46 所示。取消勾选"细微缩放"复选框，可以在图像上框选出矩形选区，以将选中的区域放大。

按 Ctrl+ +组合键，可逐级放大图像，如图 2-47 所示。例如，可以将图像从 100%的显示比例放大到 200%、300%、400%。

图 2-45　　　　　　　　　　图 2-46　　　　　　　　　　图 2-47

2.3.3　缩小显示图像

缩小显示图像，一方面可以用有限的屏幕空间显示出更多的图像，另一方面可以看到一个较大图像的全貌。

选择缩放工具⊕，在图像窗口中，鼠标指针变为⊕形状，按住 Alt 键，鼠标指针变为⊖形状。每单击一次，图像就会缩小显示一级。缩小显示后的效果如图 2-48 所示。按 Ctrl+ – 组合键，可逐级缩小图像，如图 2-49 所示。

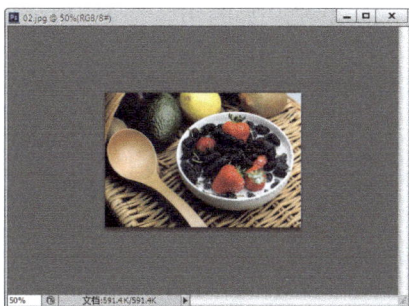

图 2-48   图 2-49

也可在缩放工具属性栏中单击"缩小工具"按钮⊖，如图 2-50 所示，鼠标指针变为⊖形状，每单击一次，图像就会缩小显示一级。

图 2-50

2.3.4   全屏显示图像

如果要将图像的窗口缩放到适合工作区，可以在缩放工具的属性栏中单击"适合屏幕"按钮 适合屏幕 ，再勾选"调整窗口大小以满屏显示"选项，如图 2-51 所示，效果如图 2-52 所示。单击"实际像素"按钮 实际像素 ，图像将以实际像素比例显示。单击"填充屏幕"按钮 填充屏幕 ，将缩放图像，使其填满整个工作区。单击"打印尺寸"按钮 打印尺寸 ，图像将以打印分辨率显示。

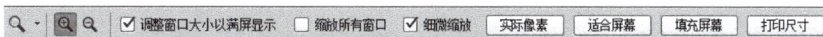

图 2-51

图 2-52

2.3.5　图像窗口的显示

当打开多个图像文件时，会出现多个图像文件窗口，这就需要对窗口进行布置和摆放。

同时打开多幅图像，如图 2-53 所示。按 Tab 键，关闭操作界面中的工具箱和控制面板，如图 2-54 所示。

图 2-53

图 2-54

选择"窗口 > 排列 > 全部垂直拼贴"命令，图像窗口的排列效果如图 2-55 所示。选择"窗口 > 排列 > 全部水平拼贴"命令，图像窗口的排列效果如图 2-56 所示。

图 2-55

图 2-56

选择"窗口 > 排列 > 双联水平"命令，图像窗口的排列效果如图 2-57 所示。选择"窗口 > 排列 > 双联垂直"命令，图像窗口的排列效果如图 2-58 所示。

图 2-57

图 2-58

选择"窗口 > 排列 > 三联水平"命令，图像窗口的排列效果如图 2-59 所示。选择"窗口 > 排列 > 三联垂直"命令，图像窗口的排列效果如图 2-60 所示。

图 2-59

图 2-60

选择"窗口 > 排列 > 三联堆积"命令，图像窗口的排列效果如图 2-61 所示。选择"窗口 > 排列 > 四联"命令，图像窗口的排列效果如图 2-62 所示。

图 2-61

图 2-62

选择"窗口 > 排列 > 将所有内容合并到选项卡中"命令，图像窗口的排列效果如图 2-63 所示。选择"窗口 > 排列 > 在窗口中浮动"命令，图像窗口的排列效果如图 2-64 所示。选择"窗口 > 排列 > 使所有内容在窗口中浮动"命令，图像窗口的排列效果如图 2-65 所示。选择"窗口 > 排列 > 层叠"命令，图像窗口的排列效果与图 2-65 所示相同。选择"窗口 > 排列 > 平铺"命令，图像窗口的排列效果如图 2-66 所示。

图 2-63

图 2-64

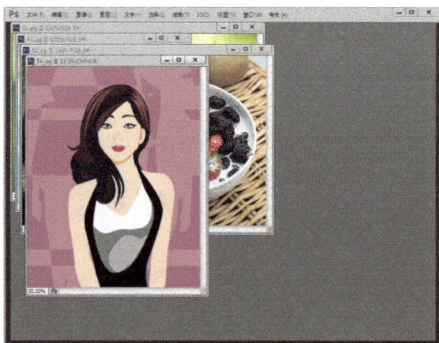

图 2-65

图 2-66

匹配缩放命令可以将所有窗口匹配到与当前窗口相同的缩放比例。如图 2-67 所示，将 01 素材图放大到 150% 显示，然后选择"窗口 > 排列 > 匹配缩放"命令，所有图像窗口都将以 150% 的比例显示图像，如图 2-68 所示。

图 2-67

图 2-68

匹配位置命令可以将所有窗口匹配到与当前窗口相同的显示位置。图 2-69 所示为原显示位置，选择"窗口 > 排列 > 匹配位置"命令，所有图像窗口都以相同的位置显示，如图 2-70 所示。

图 2-69

图 2-70

匹配旋转命令可以将所有窗口的画布旋转角度匹配到与当前窗口相同。如图 2-71 所示，将 03 素材图的画布旋转，选择"窗口 > 排列 > 匹配旋转"命令，所有图像窗口都以相同的角度旋转，如图 2-72 所示。

图 2-71　　　　　　　　　　　　　　　　图 2-72

全部匹配命令是将所有窗口的缩放比例、图像显示位置、画布旋转角度与当前窗口进行匹配。

2.3.6　观察图像

选择抓手工具，在图像窗口中，鼠标指针变为 形状，用鼠标拖曳图像，可以观察图像的每个部分，如图 2-73 所示。直接用鼠标拖曳图像周围的垂直和水平滚动条，也可观察图像的每个部分，如图 2-74 所示。如果正在使用其他的工具进行操作，按住空格键，可以快速切换到抓手工具。

图 2-73　　　　　　　　　　　　　　　　图 2-74

2.4　标尺、参考线和网格线的设置

在 Photoshop CS6 中处理图像时，经常会用到标尺、参考线和网格线，这样可以使图像处理更加精确。实际设计任务中的许多问题都需要使用标尺、参考线和网格线来解决。

2.4.1　标尺的设置

选择"编辑 > 首选项 > 单位与标尺"命令，弹出相应的对话框，如图 2-75 所示。

单位：用于设置标尺和文字的显示单位，有不同的显示单位供用户选择。列尺寸：用来精确设置图像的尺寸。点/派卡大小：与输出有关的参数。

选择"视图 > 标尺"命令，可以将标尺显示或隐藏，如图 2-76 和图 2-77 所示。

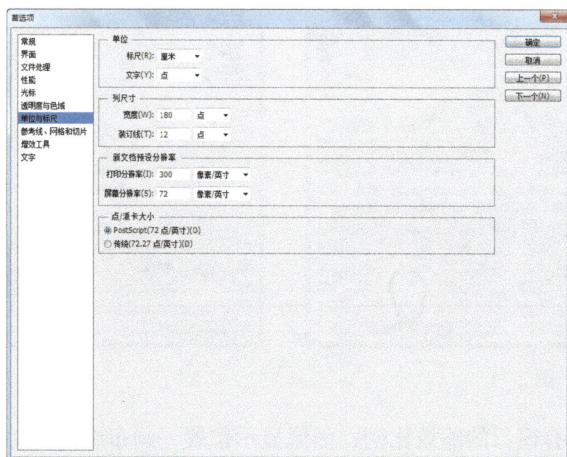

图 2-75

图 2-76

图 2-77

　　将鼠标指针放在标尺的 x 轴和 y 轴的 0 点处，如图 2-78 所示。按住鼠标左键不放，向右下方拖曳鼠标到适当的位置，如图 2-79 所示，释放鼠标，标尺的 x 轴和 y 轴的 0 点就变为鼠标移动后的位置，如图 2-80 所示。

图 2-78

图 2-79

图 2-80

2.4.2　参考线的设置

　　将鼠标指针放在水平标尺上，按住鼠标左键不放，可以向下拖曳出水平的参考线，如图 2-81 所示。将鼠标指针放在垂直标尺上，按住鼠标左键不放，可以向右拖曳出垂直的参考线，如图 2-82 所示。

图 2-81　　　　　　　　　　　　图 2-82

选择"视图 > 显示 > 参考线"命令，可以显示或隐藏参考线。此命令只有存在参考线时才能使用。

选择移动工具，将鼠标指针放在参考线上，当鼠标指针变为形状时，按住鼠标左键拖曳，可以移动参考线。

选择"视图 > 锁定参考线"命令或按 Alt +Ctrl+；组合键，可以将参考线锁定，参考线锁定后将不能移动。选择"视图 > 清除参考线"命令，可以将参考线清除。选择"视图 > 新建参考线"命令，弹出"新建参考线"对话框，如图 2-83 所示，设定后单击"确定"按钮，图像中就会出现新建的参考线。

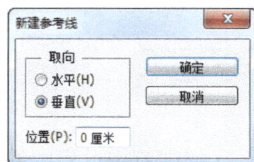

图 2-83

2.4.3　网格线的设置

选择"编辑 > 首选项 > 参考线、网格和切片"命令，弹出相应的对话框，如图 2-84 所示。

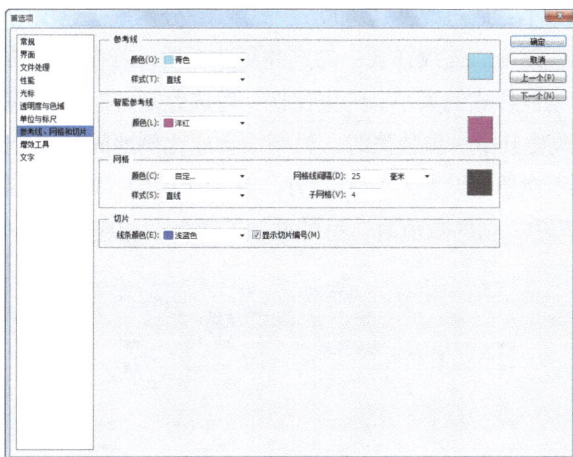

图 2-84

参考线：用于设定参考线的颜色和样式。网格：用于设定网格的颜色、样式、网格线间隔、子网格等。切片：用于设定切片的颜色和显示切片的编号。

选择"视图 > 显示 > 网格"命令，可以显示或隐藏网格，如图 2-85 和图 2-86 所示。

图 2-85

图 2-86

> **技巧**　按 Ctrl+R 组合键，可以将标尺显示或隐藏。按 Ctrl+; 组合键，可以将参考线显示或隐藏。按 Ctrl+' 组合键，可以将网格显示或隐藏。

2.5　图像和画布尺寸的调整

根据制作过程中的不同需求，可以随时调整图像与画布的尺寸。

2.5.1　图像尺寸的调整

打开一幅图像，选择"图像 > 图像大小"命令，弹出"图像大小"对话框，如图 2-87 所示。

像素大小：通过改变"宽度"和"高度"选项的数值，可以改变图像在屏幕上显示的大小，图像的尺寸也相应改变。文档大小：通过改变"宽度""高度""分辨率"选项的数值，可以改变图像文档的大小，图像的尺寸也相应改变。缩放样式：勾选此复选框后，若在图像操作中添加了图层样式，可以在调整图像大小时自动缩放样式的大小。约束比例：勾选此复选框，"宽度"和"高度"选项右侧会出现锁链标志，表示改变其中一项数值时，另一项会成比例地同时改变。重定图像像素：不勾选此复选框，像素的数值将不能单独设置，"文档大小"选项组中的"宽度""高度""分辨率"选项右侧将出现锁链标志，改变其中一项的数值时，另外两项的数值会相应改变，如图 2-88 所示。

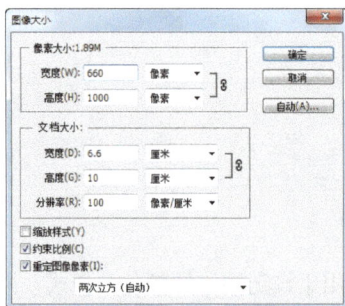

图 2-87

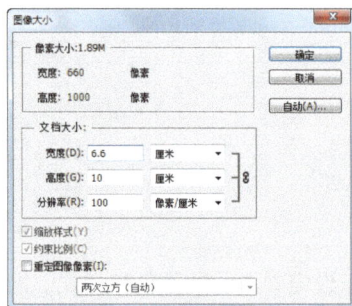

图 2-88

在"图像大小"对话框中可以改变选项数值的计量单位（可以在选项右侧的下拉列表中进行选择），如图 2-89 所示。单击"自动"按钮，弹出"自动分辨率"对话框，系统将自动调整图像的分辨率和品质，如图 2-90 所示。

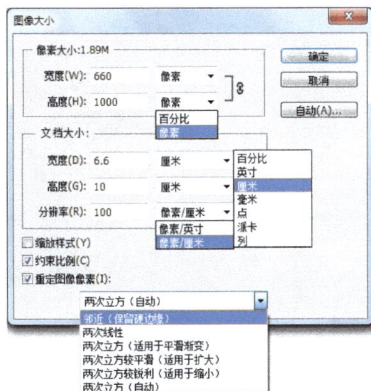

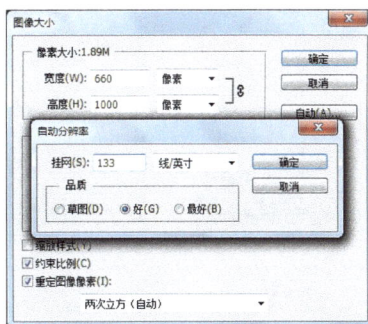

图 2-89　　　　　　　　　　　　　　　图 2-90

2.5.2　画布尺寸的调整

图像画布尺寸的大小是指当前图像周围空间的大小。选择"图像 > 画布大小"命令，弹出"画布大小"对话框，如图 2-91 所示。

当前大小：显示的是当前文件的大小和尺寸。新建大小：用于重新设定图像画布的大小和尺寸 。定位：用于调整图像在新画布中的位置，可偏左、居中或在右上角等，如图 2-92 所示。设置不同的调整方式，图像调整后的效果如图 2-93 所示。

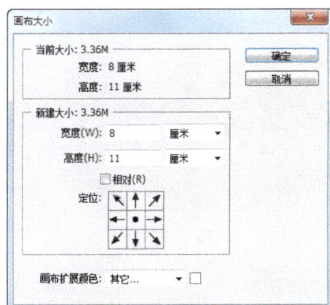

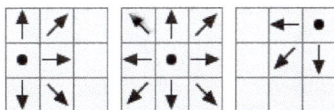

图 2-91　　　　　　　　　　　　　　　图 2-92

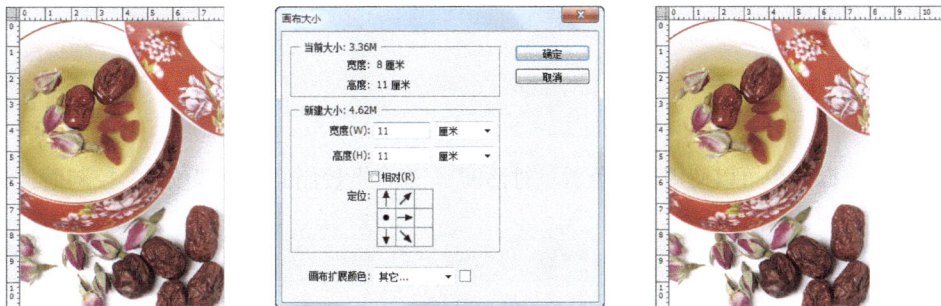

图 2-93

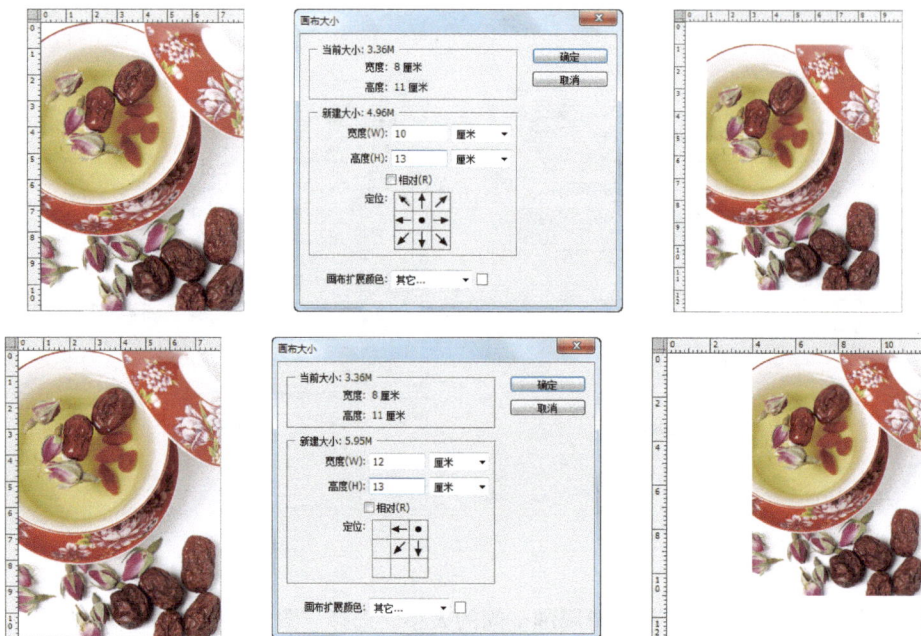

图 2-93（续）

画布扩展颜色：在此选项的下拉列表中可以选择填充图像周围扩展部分的颜色，可以选择前景色、背景色或 Photoshop CS6 中的默认颜色，也可以自己调整所需颜色。

在对话框中设置画布扩展颜色，如图 2-94 所示，单击"确定"按钮，效果如图 2-95 所示。

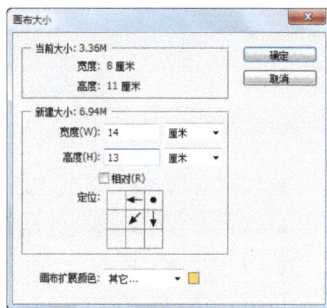

图 2-94

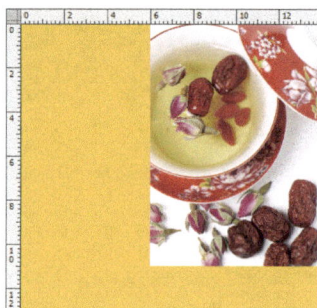

图 2-95

2.6　颜色设置

在 Photoshop CS6 中可以使用"拾色器"对话框、"颜色"控制面板和"色板"控制面板设置图像的颜色。

2.6.1　使用"拾色器"对话框设置颜色

可以在"拾色器"对话框中设置颜色。

在"拾色器"对话框中，在色带上单击或拖曳两侧的三角形滑块，如图 2-96 所示，可以使色相发生变化。

在左侧的颜色选择区中，可以选择颜色的明度和饱和度，垂直方向表示明度的变化，水平方向表示饱和度的变化。

选择好颜色后，对话框右侧上方的颜色框中会显示所选择的颜色，右侧下方是所选择颜色的 HSB、RGB、CMYK 和 Lab 值，单击"确定"按钮，所选择的颜色将变为工具箱中的前景色或背景色。

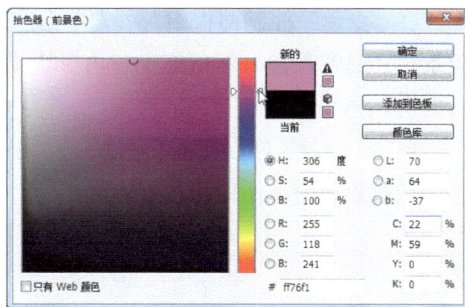

图 2-96

在"拾色器"对话框中单击"颜色库"按钮 颜色库 ，可以弹出"颜色库"对话框，如图 2-97 所示。"色库"下拉列表中是一些常用的印刷颜色体系，如图 2-98 所示，其中"TRUMATCH"是为印刷设计提供服务的印刷颜色体系。

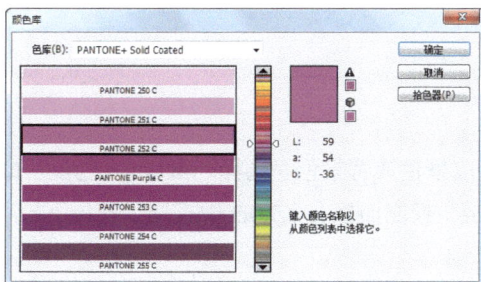

图 2-97

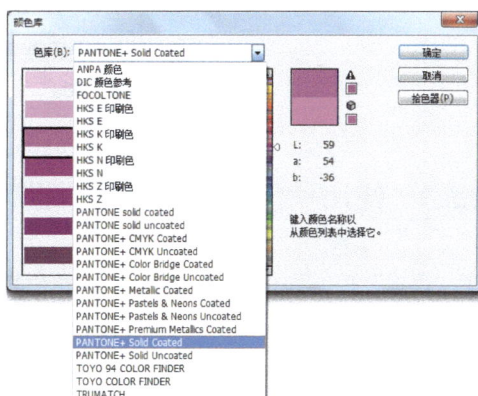

图 2-98

在"颜色库"对话框中，单击或拖曳色带两侧的三角形滑块，可以使色相发生变化；在颜色选择区中选择带有编码的颜色，对话框右上方的颜色框中会显示出所选择的颜色，颜色框下方是所选择颜色的 Lab 值。

在"拾色器"对话框中，右侧下方的 HSB、RGB、CMYK、Lab 色彩模式后面，都带有可以输入数值的数值框，在其中输入所需颜色的数值，也可以得到想要的颜色。

勾选对话框左下方的"只有 Web 颜色"复选框，颜色选择区中会出现供网页使用的颜色，如图 2-99 所示，右侧的数值框 # cc66cc 中显示的是网页颜色的数值。

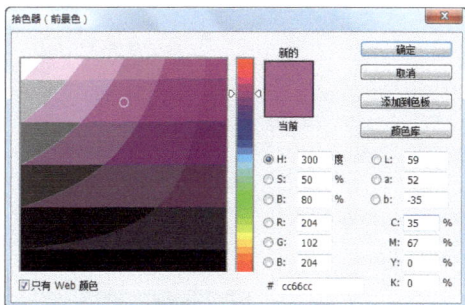

图 2-99

2.6.2　使用"颜色"控制面板设置颜色

"颜色"控制面板可以用来改变前景色和背景色。选择"窗口 > 颜色"命令，弹出"颜色"控制面板，如图 2-100 所示。

在"颜色"控制面板中，可先单击左侧的"设置前景色/设置背景色"图标■来确定所调整的是前景色还是背景色，然后拖曳三角滑块或在色带中选择所需的颜色，也可以直接在颜色数值框中输入数值调整颜色。

单击"颜色"控制面板右上方的■按钮，弹出下拉菜单，如图 2-101 所示，此菜单用于设置"颜色"控制面板中显示的颜色模式。

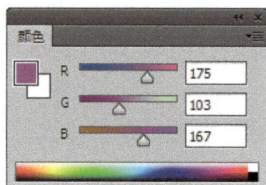
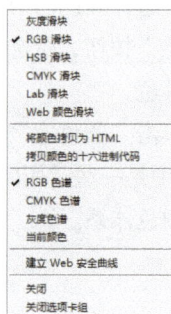

图 2-100   图 2-101

2.6.3 使用"色板"控制面板设置颜色

在"色板"控制面板中可以选取一种颜色来改变前景色或背景色。选择"窗口 > 色板"命令，弹出"色板"控制面板，如图 2-102 所示。单击"色板"控制面板右上方的■按钮，弹出下拉菜单，如图 2-103 所示。

图 2-102   图 2-103

新建色板：用于新建一个色板。小/大缩览图：可使控制面板显示为小/大图标。小/大列表：可使控制面板显示为小/大列表。预设管理器：用于对色板中的颜色进行管理。复位色板：用于恢复软件的初始设置状态。载入色板：用于向"色板"控制面板中增加色板文件。存储色板：用于将当前"色板"控制面板中的色板文件存入硬盘。替换色板：用于替换"色板"控制面板中现有的色板文件。ANPA颜色及其下面的选项都是软件预置的颜色库。

在"色板"控制面板中，将鼠标指针移到空白处，鼠标指针变为油漆桶形状，如图 2-104 所示，此时单击可弹出"色板名称"对话框，如图 2-105 所示，单击"确定"按钮，即可将当前的前景色添加到"色板"控制面板中，如图 2-106 所示。

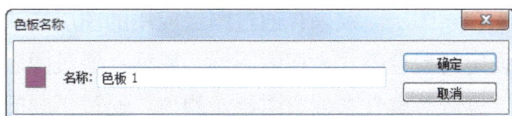

图 2-104   图 2-105   图 2-106

在"色板"控制面板中，将鼠标指针移到色标上，鼠标指针变为吸管形状，如图 2-107 所示，此时单击可以把吸取的颜色设置为前景色，如图 2-108 所示。

图 2-107   图 2-108

技巧   在"色板"控制面板中，按住 Alt 键的同时，将鼠标指针移到色标上，鼠标指针变为剪刀形状，此时单击可以删除当前的色标。

2.7 图层操作

使用图层可在不影响图像中其他元素的情况下处理某一图像元素。可以将图层看作一张张叠起来的硫酸纸，透过图层的透明区域可以看到下面的图层。通过更改图层的顺序和属性，可以改变图像的合成。图像效果如图 2-109 所示，其图层原理图如图 2-110 所示。

图 2-109   图 2-110

2.7.1 "图层"控制面板

"图层"控制面板列出了图像中的所有图层、图层组和图层效果，如图 2-111 所示。可以使用"图层"控制面板来搜索图层、显示和隐藏图层、创建新图层及处理图层组。还可以在"图层"控制面板的下拉菜单中设置其他选项。

在 [类型] 框中可以选取图层的搜索方式，共有 6 种。类型：通过单击"像素图层"按钮、"调整图层"按钮、"文字图层"按钮、"形状图层"按钮和"智能对象"按钮来搜索需要的图层类型。名称：可以通过在右侧的框中输入图层名称来搜索图层。效果：通过图层应用的图层样式来搜索图层。模式：通过图层设定的混合模式来搜索图层。属性：通过图层的可见性、锁定、链接、混合、蒙版等属性来搜索图层。颜色：通过不同的图层颜色来搜索图层。

图 2-111

图层混合模式 [正常]：用于设定图层的混合模式，共包含 27 种。不透明度：用于设定图层的不透明度。填充：用于设定图层的填充不透明度。眼睛图标：用于显示或隐藏图层中的内容。锁链图标：表示图层与图层之间的链接关系。图标 T：表示此图层为可编辑的文字层。图标 fx：表示为图层添加了样式。

"图层"控制面板的上方有 4 个工具按钮，如图 2-112 所示。

锁定透明像素：用于锁定当前图层中的透明区域，使透明区域不能被编辑。锁定图像像素：使当前图层和透明区域不能被编辑。锁定位置：使当前图层不能被移动。锁定全部：使当前图层或序列完全被锁定。

"图层"控制面板的下方有 7 个工具按钮，如图 2-113 所示。

图 2-112   图 2-113

链接图层：使所选图层和当前图层成为一组，当对一个链接图层进行操作时，将影响一组链接图层。添加图层样式 fx：为当前图层添加图层样式效果。添加图层蒙版：用于在当前图层上创建一个蒙版。在图层蒙版中，黑色代表隐藏图像，白色代表显示图像。可以使用画笔等绘图工具对蒙版进行绘制，还可以将蒙版转换成选择区域。创建新的填充或调整图层：可对图层进行颜色填充和效果调整。创建新组：用于新建一个文件夹，可在其中放入图层。创建新图层：用于在当前图层的上方创建一个新图层。删除图层：可以将不需要的图层拖曳到此处进行删除。

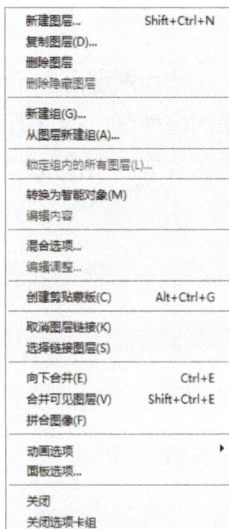

2.7.2 面板菜单

单击"图层"控制面板右上方的 按钮，弹出下拉菜单，如图 2-114 所示。

图 2-114

2.7.3　新建图层

单击"图层"控制面板右上方的 ▼≣ 按钮，弹出下拉菜单，选择"新建图层"命令，弹出"新建图层"对话框，如图 2-115 所示。

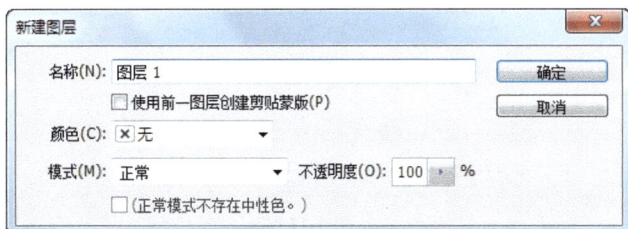

图 2-115

名称：用于设定新图层的名称。颜色：用于设定新图层的颜色。模式：用于设定当前图层的合成模式。不透明度：用于设定当前图层的不透明度。

单击"图层"控制面板下方的"创建新图层"按钮 ▣，可以创建一个新图层。按住 Alt 键的同时，单击"创建新图层"按钮 ▣，将弹出"新建图层"对话框，可以对新建图层进行设置。

选择"图层 > 新建 > 图层"命令，或按 Shift+Ctrl+N 组合键，弹出"新建图层"对话框，在对话框中进行设置后，单击"确定"按钮，可以创建一个新图层。

2.7.4　复制图层

单击"图层"控制面板右上方的 ▼≣ 按钮，弹出下拉菜单，选择"复制图层"命令，弹出"复制图层"对话框，如图 2-116 所示。

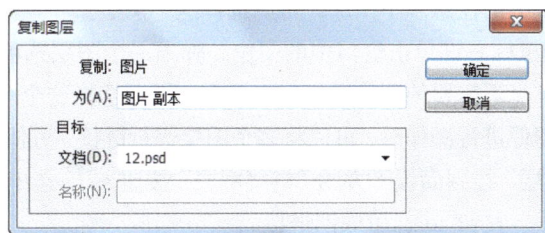

图 2-116

为：用于设定复制图层的名称。文档：用于设定复制图层的文件来源。

将需要复制的图层拖曳到控制面板下方的"创建新图层"按钮 ▣ 上，可以将所选的图层复制为一个新图层。

选择"图层 > 复制图层"命令，弹出"复制图层"对话框，在对话框中进行设置，然后单击"确定"按钮，可以复制图层。

打开目标图像和需要复制的图像，将需要复制的图像中的图层直接拖曳到目标图像的图层中，也可以复制图层。

2.7.5　删除图层

单击"图层"控制面板右上方的 按钮，弹出下拉菜单，选择"删除图层"命令，弹出提示对话框，如图 2-117 所示，单击"是"按钮，可以删除图层。

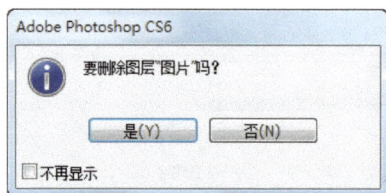

图 2-117

选中要删除的图层，单击"图层"控制面板下方的"删除图层"按钮，即可删除图层。或将需要删除的图层直接拖曳到"删除图层"按钮 上进行删除。

选择"图层 > 删除 > 图层"命令，即可删除图层。

2.7.6　显示和隐藏图层

单击"图层"控制面板中任意图层左侧的眼睛图标，可以隐藏或显示这个图层。

按住 Alt 键的同时，单击"图层"控制面板中任意图层左侧的眼睛图标，图层控制面板中将只显示这个图层，其他图层被隐藏。

2.7.7　选择、链接和排列图层

单击"图层"控制面板中的任意一个图层，可以选择这个图层。

选择移动工具，用鼠标右键单击窗口中的图像，弹出一个图层选项菜单，可以在菜单中选择所需要的图层。将鼠标指针靠近需要的图像进行以上操作，即可选择这个图像所在的图层。

同时对多个图层中的图像进行操作时，可以将多个图层进行链接，方便操作。选中要链接的图层，如图 2-118 所示，单击"图层"控制面板下方的"链接图层"按钮，选中的图层被链接，如图 2-119 所示。再次单击"链接图层"按钮，可取消链接。

图 2-118　　　　　　　　　图 2-119

选择"图层"控制面板中的任意图层，拖曳鼠标可将其调整到其他图层的上方或下方。

选择"图层 > 排列"命令，弹出"排列"命令的子菜单，可以从中选择需要的排列方式。

> **提示** 按 Ctrl+ [组合键，可以将当前图层向下移动一层；按 Ctrl+] 组合键，可以将当前图层向上移动一层；按 Shift+Ctrl+ [组合键，可以将当前图层移动到除了背景图层以外的所有图层的下方；按 Shift +Ctrl+] 组合键，可以将当前图层移动到所有图层的上方。背景图层不能随意移动，可以将其转换为普通图层后再移动。

2.7.8　合并图层

"向下合并"命令用于向下合并图层。单击"图层"控制面板右上方的 ▼≡ 按钮，在弹出的菜单中选择"向下合并"命令，或按 Ctrl+E 组合键，即可完成操作。

"合并可见图层"命令用于合并所有可见图层。单击"图层"控制面板右上方的 ▼≡ 按钮，在弹出的菜单中选择"合并可见图层"命令，或按 Shift+Ctrl+E 组合键，即可完成操作。

"拼合图像"命令用于合并所有的图层。单击"图层"控制面板右上方的 ▼≡ 按钮，在弹出的菜单中选择"拼合图像"命令，即可完成操作。

2.7.9　图层组

当编辑多层图像时，为了方便操作，可以将多个图层建立在一个图层组中。单击"图层"控制面板右上方的 ▼≡ 按钮，在弹出的菜单中选择"新建组"命令，弹出"新建组"对话框，单击"确定"按钮，新建一个图层组，如图 2-120 所示。选中要放置到组中的多个图层，如图 2-121 所示，将其拖曳到图层组中，如图 2-122 所示。

图 2-120　　　　　　　　图 2-121　　　　　　　　图 2-122

> **提示** 单击"图层"控制面板下方的"创建新组"按钮 📁，可以新建图层组。选择"图层 > 新建 > 组"命令，也可以新建图层组。还可以选中要放置在图层组中的所有图层，按 Ctrl+G 组合键，自动生成新的图层组。

2.8　恢复操作的应用

在绘制和编辑图像的过程中，有时会操作错误或对制作的一系列效果不满意。当希望恢复到前一步或原来的图像效果时，可以使用恢复操作命令。

2.8.1　恢复到上一步的操作

在编辑图像的过程中可以随时将操作返回到上一步，也可以将图像还原到恢复前的效果。

选择"编辑 > 还原"命令，或按 Ctrl+Z 组合键，可以恢复到图像的上一步操作。如果想把图像还原到恢复前的效果，再按 Ctrl+Z 组合键即可。

2.8.2　中断操作

在 Photoshop CS6 中处理图像时，如果想中断正在进行的操作，可以按 Esc 键。

2.8.3　恢复到操作过程的任意步骤

"历史记录"控制面板可以将进行过多次处理操作的图像恢复到任一步操作时的状态，即所谓的"多次恢复功能"。

选择"窗口 > 历史记录"命令，弹出"历史记录"控制面板，如图 2-123 所示。

控制面板下方的按钮从左至右依次为"从当前状态创建新文档"按钮、"创建新快照"按钮和"删除当前状态"按钮。

单击控制面板右上方的按钮，弹出下拉菜单，如图 2-124 所示。

图 2-123

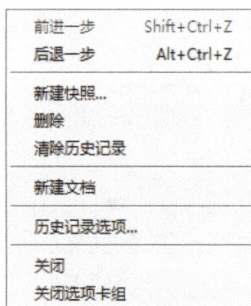

图 2-124

前进一步：用于将操作记录向下移动一步。后退一步：用于将操作记录向上移动一步。新建快照：根据当前的操作记录建立新的快照。删除：用于删除控制面板中的操作记录。清除历史记录：用于清除控制面板中除最后一条记录外的所有记录。新建文档：用于由当前状态或者快照建立新的文件。历史记录选项：用于设置"历史记录"控制面板。关闭选项和关闭选项卡组：用于关闭"历史记录"控制面板和控制面板所在的选项卡组。

第3章

绘制和编辑选区

本章介绍

本章主要介绍 Photoshop CS6 中选择工具的使用方法、选区的绘制方法及选区的编辑技巧。通过对本章的学习，读者可以学会绘制形状规则与不规则的选区，并对选区进行移动、反选、羽化等操作。

学习目标

● 掌握选择工具的使用方法。

● 掌握选区的编辑技巧。

技能目标

● 掌握"圣诞贺卡"的制作方法。

● 掌握"家庭照片模板"的制作方法。

3.1 选择工具的使用

对图像进行编辑之前，首先要选择图像。能够快速精确地选择图像，是提高图像处理效率的关键。

功能介绍

套索工具：可以在图像或图层中绘制形状不规则的选区，选取形状不规则的图像。

魔棒工具：可以用来选取图像中的某一点，并将与这一点颜色相同或相近的点自动融入选区中。

3.1.1 课堂案例——制作圣诞贺卡

【案例学习目标】学习使用不同的选择工具来选择不同外形的图像，并应用移动工具将其合成一张图像。

【案例知识要点】使用磁性套索工具抠出礼物盒图像，使用魔棒工具抠出文字，使用自由变换工具调整图像大小，使用复制命令复制图层，最终效果如图 3-1 所示。

【效果所在位置】Ch03\效果\制作圣诞贺卡.psd。

图 3-1

（1）按 Ctrl + O 组合键，打开本书学习资源中的"Ch03\ 素材 \ 制作圣诞贺卡 \01、02"文件，01 文件如图 3-2 所示。选择磁性套索工具 ，在 02 图像窗口中沿着礼物盒边缘拖曳鼠标绘制选区，磁性套索工具的磁性轨迹会紧贴图像的轮廓，使图像周围生成选区，如图 3-3 所示。选择移动工具 ，将选区中的图像拖曳到 01 图像窗口中适当的位置并调整其大小，效果如图 3-4 所示。

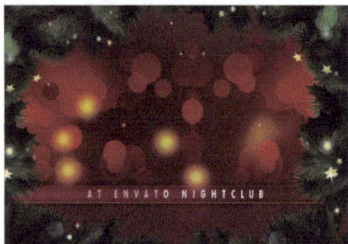

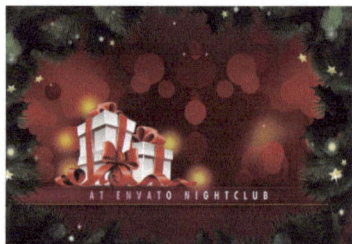

图 3-2　　　　　　　　　　图 3-3　　　　　　　　　　图 3-4

（2）选择"移动"工具 ，按住 Alt 键的同时，水平向右拖曳礼物图像到适当的位置，复制礼物图像，效果如图 3-5 所示。按 Ctrl+T 组合键，图像周围出现变换框，按住 Alt+Shift 组合键的同时，向内拖曳变换框右上角的控制手柄等比例缩小图像，效果如图 3-6 所示。在变换框中单击鼠标右键，在弹出的菜单中选择"水平翻转"命令，水平翻转图像，按 Enter 键确认操作，效果如图 3-7 所示。

图 3-5

图 3-6

图 3-7

（3）按 Ctrl + O 组合键，打开本书学习资源中的"Ch03 \ 素材 \ 制作圣诞贺卡 \ 03"文件，选择魔棒工具 ，在属性栏中将"容差"选项设为 32，取消选择"连续"复选项，在图像窗口中的深灰色背景区域单击，图像周围生成选区，如图 3-8 所示。按 Ctrl+Shift+I 组合键，将选区反选，如图 3-9 所示。选择移动工具 ，将选区中的图像拖曳到 01 图像窗口中适当的位置并调整其大小，效果如图 3-10 所示。

图 3-8

图 3-9

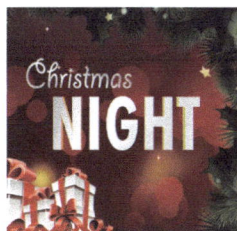

图 3-10

（4）单击"图层"控制面板下方的"添加图层样式"按钮 ，在弹出的菜单中选择"投影"命令，在弹出的对话框中进行设置，如图 3-11 所示，单击"确定"按钮，效果如图 3-12 所示。

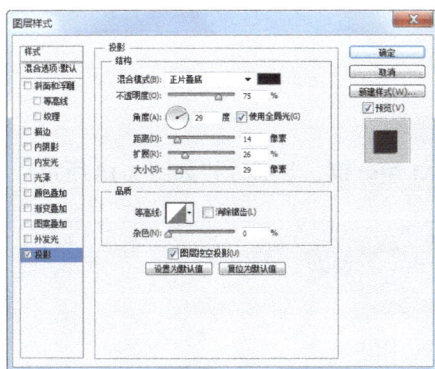

图 3-11

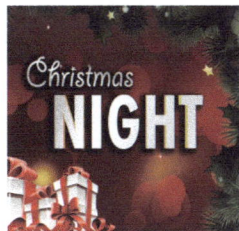

图 3-12

（5）将前景色设为白色。选择横排文字工具 ，在适当的位置输入需要的文字并选取文字，在属性栏中选择合适的字体并设置文字大小，效果如图 3-13 所示。单击"图层"控制面板下方的"添加图层样式"按钮 ，在弹出的菜单中选择"斜面和浮雕"命令，在弹出的对话框中进行设置，如图 3-14 所示，单击"确定"按钮，效果如图 3-15 所示。

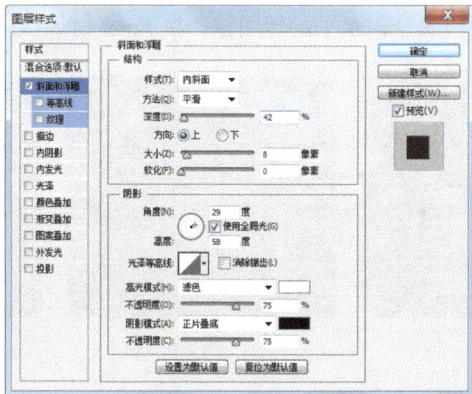

图 3-13   图 3-14   图 3-15

（6）在左侧的"样式"选项中选择"投影"选项，在弹出的对话框中进行设置，如图 3-16 所示，单击"确定"按钮，效果如图 3-17 所示。圣诞贺卡制作完成。

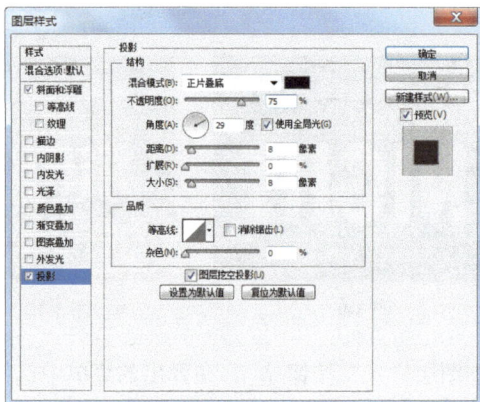

图 3-16   图 3-17

3.1.2 选框工具

选择矩形选框工具，或反复按 Shift+M 组合键，其属性栏如图 3-18 所示。

图 3-18

新选区：去除旧选区，绘制新选区。添加到选区：在原有选区的上面添加新的选区。从选区减去：在原有选区上减去新选区的部分。与选区交叉：选择新旧选区重叠的部分。羽化：用于设定选区边界的羽化程度。消除锯齿：用于清除选区边缘的锯齿。样式：用于选择类型。

选择矩形选框工具，在图像中适当的位置按住鼠标左键不放，向右下方拖曳鼠标绘制选区；释放鼠标，矩形选区绘制完成，如图 3-19 所示。按住 Shift 键，在图像中可以绘制出正方形选区，如图 3-20 所示。

图 3-19   图 3-20

在矩形选框工具 ▣ 的属性栏中，选择"样式"下拉列表中的"固定比例"，将"宽度"选项设为 1，"高度"选项设为 3，如图 3-21 所示，可以在图像中绘制固定比例的选区，效果如图 3-22 所示。单击"高度和宽度互换"按钮 ⮂，可以快速地将宽度和高度的数值互换，互换后绘制的选区效果如图 3-23 所示。

图 3-21

图 3-22   图 3-23

在矩形选框工具 ▣ 的属性栏中，选择"样式"下拉列表中的"固定大小"，在"宽度"和"高度"选项中输入数值，单位只能是像素，如图 3-24 所示，可以绘制固定大小的选区，效果如图 3-25 所示。单击"高度和宽度互换"按钮 ⮂，可以快速地将宽度和高度的数值互换，互换后绘制的选区效果如图 3-26 所示。

图 3-24

图 3-25   图 3-26

3.1.3 套索工具

选择套索工具 ⦾ ，或反复按 Shift+L 组合键，其属性栏如图 3-27 所示。

图 3-27

■ ■ ■ ■：用于选择选取方式。羽化：用于设定选区边缘的羽化程度。消除锯齿：用于清除选区边缘的锯齿。

选择套索工具 ◯，在图像中适当的位置按住鼠标左键不放，在花朵的周围拖曳鼠标进行绘制，如图 3-28 所示，释放鼠标，选择区域自动封闭生成选区，效果如图 3-29 所示。

图 3-28

图 3-29

3.1.4 魔棒工具

选择魔棒工具 ▧，或按 W 键，其属性栏如图 3-30 所示。

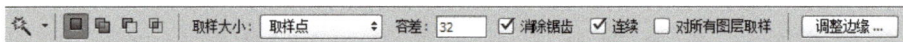

图 3-30

■ ■ ■ ■：用于选择选取方式。取样大小：用于设置取样范围的大小。容差：用于控制色彩的范围，数值越大，可容许的颜色范围越大。消除锯齿：用于清除选区边缘的锯齿。连续：用于选择单独的色彩范围。对所有图层取样：用于将所有可见图层中颜色容许范围内的色彩加入选区。

选择魔棒工具 ▧，在图像中单击需要选择的颜色区域，即可得到需要的选区，如图 3-31 所示。调整属性栏中的容差值，再次单击需要选择的区域，选区效果如图 3-32 所示。

图 3-31

图 3-32

3.2 选区的操作技巧

在建立选区后，可以对选区进行一系列的操作，如移动选区、羽化选区等。

功能介绍

羽化选区：可以使图像产生柔和的效果。

3.2.1 课堂案例——制作家庭照片模板

【案例学习目标】学习调整选区的方法和技巧，并应用羽化选区命令制作柔和图像效果。

【案例知识要点】使用羽化选区命令制作柔和图像效果，使用魔棒工具选取图像，最终效果如图 3-33 所示。

【效果所在位置】Ch03\效果\制作家庭照片模板.psd。

图 3-33

（1）按 Ctrl + O 组合键，打开本书学习资源中的"Ch03 \ 素材 \ 制作家庭照片模板 \01"文件，如图 3-34 所示。单击"图层"控制面板下方的"创建新图层"按钮，生成新的图层并将其命名为"暗角"，如图 3-35 所示。在工具箱下方将前景色设为白色，按 Alt+Delete 组合键，用前景色填充"暗角"图层。

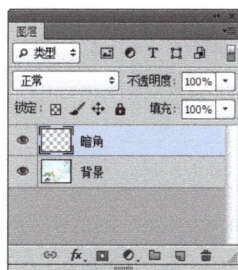

图 3-34   图 3-35

（2）选择椭圆选框工具，在图像窗口中绘制椭圆选区，如图 3-36 所示。选择"选择 > 修改 > 羽化"命令，弹出"羽化选区"对话框，选项的设置如图 3-37 所示，单击"确定"按钮，羽化选区。按 Delete 键，删除选区中的图像。按 Ctrl+D 组合键，取消选区，效果如图 3-38 所示。

（3）按 Ctrl + O 组合键，打开本书学习资源中的"Ch03 \ 素材 \ 制作家庭照片模板 \02"文件。选择移动工具，将 02 图片拖曳到图像窗口中适当的位置，效果如图 3-39 所示。此时，"图层"控制面板中会生成新的图层，将其命名为"人物 1"。

图 3-36

图 3-37

图 3-38

图 3-39

（4）选择魔棒工具 ，在属性栏中进行设置，如图 3-40 所示，在图像窗口中的蓝色背景区域单击，图像周围生成选区，如图 3-41 所示。按 Delete 键，删除选区中的图像。按 Ctrl+D 组合键，取消选区，图像效果如图 3-42 所示。用相同的方法置入"03"文件，图像效果如图 3-43 所示。

图 3-40

图 3-41

图 3-42

图 3-43

（5）打开本书学习资源中的"Ch03 \ 素材 \ 制作家庭照片模板 \ 04、05"文件，选择移动工具 ，将 04、05 图片分别拖曳到图像窗口中适当的位置，效果如图 3-44 所示。此时，"图层"控制面板中会生成新的图层，将其分别命名为"飞机"和"文字"，如图 3-45 所示。家庭照片模板制作完成。

图 3-44

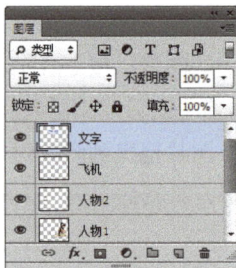

图 3-45

3.2.2　移动选区

将鼠标指针放在选区中，鼠标指针变为 形状，如图 3-46 所示。按住鼠标左键进行拖曳，鼠标指针变为 形状，将选区拖曳到其他位置，如图 3-47 所示。释放鼠标，即可完成选区的移动，效果如图 3-48 所示。

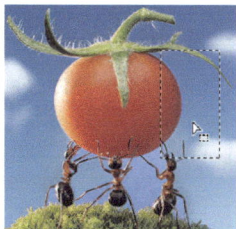  

图 3-46　　　　　　　　　　图 3-47　　　　　　　　　　图 3-48

当使用矩形选框工具和椭圆选框工具绘制选区时，按住空格键的同时拖曳鼠标，即可移动选区。绘制出选区后，使用键盘中的方向键，可以将选区沿各方向移动 1 像素；使用 Shift+方向键，可以将选区沿各方向移动 10 像素。

3.2.3　羽化选区

在图像中绘制不规则选区，如图 3-49 所示，选择"选择 > 修改 > 羽化"命令，弹出"羽化选区"对话框，设置羽化半径的数值，如图 3-50 所示，单击"确定"按钮，选区被羽化。将选区反选，如图 3-51 所示，在选区中填充颜色后，效果如图 3-52 所示。

还可以在绘制选区前，在所使用工具的属性栏中直接输入羽化的数值，如图 3-53 所示，此时，绘制的选区会自动成为带有羽化边缘的选区。

 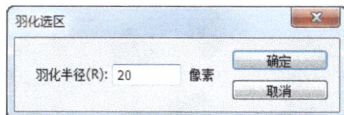 

图 3-49　　　　　　　　　　图 3-50　　　　　　　　　　图 3-51

图 3-52

图 3-53

3.2.4　取消选区

选择"选择 > 取消选择"命令，或按 Ctrl+D 组合键，可以取消选区。

3.2.5　全选和反选选区

选择"选择 > 全部"命令，或按 Ctrl+A 组合键，即可选取全部图像，如图 3-54 所示。

选择"选择 > 反向"命令，或按 Shift+Ctrl+I 组合键，可以对当前的选区进行反向选取，如图 3-55 和图 3-56 所示。

图 3-54　　　　　　　　　图 3-55　　　　　　　　　图 3-56

课堂练习——制作足球插画

【练习知识要点】使用椭圆选框工具抠出足球图像，使用磁性套索工具抠出标题图像，使用多边形套索工具抠出人物图像，最终效果如图 3-57 所示。

【效果所在位置】Ch03\效果\制作足球插画.psd。

图 3-57

课后习题——制作果汁广告

【习题知识要点】使用椭圆选框工具和羽化选区命令制作投影效果，使用魔棒工具选取图像，使用反选命令制作选区反选效果，使用移动工具移动选区中的图像，最终效果如图 3-58 所示。

【效果所在位置】Ch03\效果\制作果汁广告.psd。

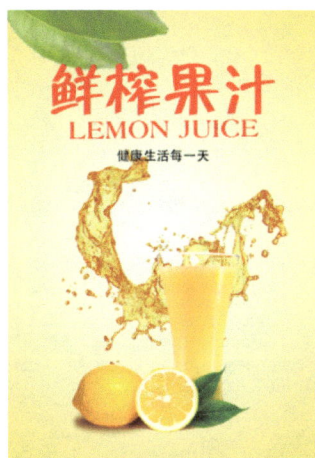

图 3-58

第4章 绘制图像

绘制图像

本章介绍

本章主要介绍 Photoshop CS6 中绘画工具和填充工具的使用方法及技巧。通过对本章的学习，读者可以学会用绘画工具绘制出多种的图像，用填充工具制作出多样的填充效果。

学习目标

- 掌握绘画工具的使用方法。
- 掌握历史记录画笔工具和历史记录艺术画笔工具的使用方法。
- 掌握油漆桶工具和渐变工具的使用方法。
- 掌握填充命令与描边命令的应用。

技能目标

- 掌握"卡通插画"的绘制方法。
- 掌握"浮雕插画"的制作方法。
- 掌握"博览会标识"的制作方法。
- 掌握"会馆宣传单"的制作方法。

4.1　绘画工具的使用

在 Photoshop CS6 中，使用画笔工具可以绘制出各种绘画效果，使用铅笔工具可以绘制出各种硬边效果的图像。

功能介绍

画笔工具：可以模拟画笔效果在图像或选区中进行绘制。

4.1.1　课堂案例——绘制卡通插画

【案例学习目标】学习使用定义画笔预设命令定义画笔效果，并应用移动工具及画笔工具将其合成一幅装饰图像。

【案例知识要点】使用定义画笔预设命令和画笔工具制作漂亮的画笔效果，最终效果如图 4-1 所示。

【效果所在位置】Ch04\效果\绘制卡通插画.psd。

图 4-1

（1）按 Ctrl+O 组合键，打开本书学习资源中的"Ch04\ 素材 \ 绘制卡通插画 \01、02"文件，选择移动工具，将 02 图片拖曳到 01 图像窗口中适当的位置，效果如图 4-2 所示。

（2）选中"02"文件，如图 4-3 所示，选择"编辑 > 定义画笔预设"命令，弹出"画笔名称"对话框，在"名称"文本框中输入"热气球"，如图 4-4 所示，单击"确定"按钮，将热气球图像定义为画笔。

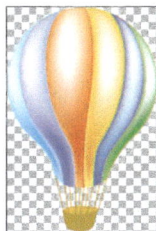
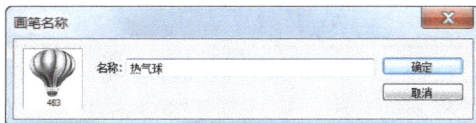

图 4-2　　　　　　　　　图 4-3　　　　　　　　　图 4-4

（3）单击"图层"控制面板下方的"创建新图层"按钮，生成新的图层并将其命名为"热气球 02"。将前景色设为紫色（其 R、G、B 值分别为 185、143、255）。选择画笔工具 ，在属性栏中单击"画笔"选项右侧的 按钮，弹出画笔选择面板，选择刚才定义好的热气球形状的画笔，如图 4-5 所示。将"大小"选项设为 150px，选中"启用喷枪模式"按钮 ，如图 4-6 所示。

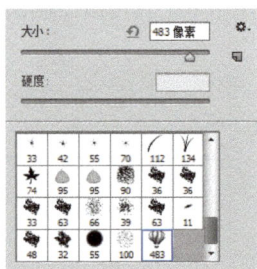
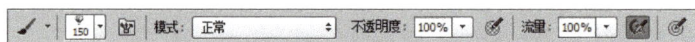

图 4-5   图 4-6

（4）按 [键和] 键调整画笔大小，在图像窗口中按住鼠标并停留较长时间，绘制一个颜色较深的图形（绘制时按住鼠标的时间长短不同，绘制出的图像颜色深浅就不同），如图 4-7 所示。用相同的方法制作其他热气球，效果如图 4-8 所示。

图 4-7   图 4-8

（5）在"图层"控制面板中，将"热气球 02"图层的混合模式选项设为"正片叠底"，如图 4-9 所示，图像效果如图 4-10 所示。卡通插画制作完成。

图 4-9   图 4-10

4.1.2 画笔工具

选择画笔工具 ，或反复按 Shift+B 组合键，其属性栏如图 4-11 所示。

图 4-11

画笔预设：用于选择预设的画笔。模式：用于选择绘画颜色与下面现有像素的混合模式。不透明度：用于设定画笔颜色的不透明度。流量：用于设定喷笔压力，压力越大，喷色越浓。启用喷枪模式 ：用于启用喷枪功能。绘图板压力控制大小 ：使用压感笔的压力可以覆盖"画笔"面板中的"不透明度"和"大小"的设置。

选择画笔工具 ，在属性栏中进行设置，如图 4-12 所示，在图像中拖曳鼠标可以绘制出如图 4-13 所示的效果。

图 4-12　　　　　　　　　　　　　　　　　　　　　图 4-13

单击"画笔"选项右侧的 按钮，弹出图 4-14 所示的画笔选择面板，在面板中可以选择画笔形状。

拖曳"大小"选项下方的滑块或直接输入数值，可以设置画笔的大小。如果选择的画笔是基于样本的，将显示"恢复到原始大小"按钮 ，单击此按钮，可以使画笔恢复到初始的大小。

单击画笔选择面板右上方的 按钮，在弹出的菜单中选择"描边缩览图"命令，如图 4-15 所示，画笔选择面板的显示效果如图 4-16 所示。

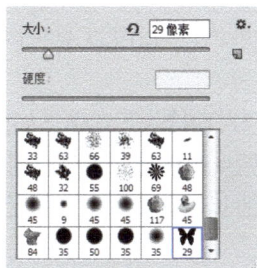

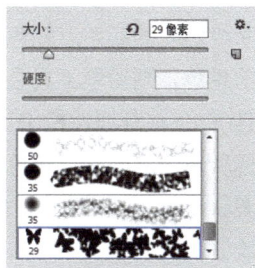

图 4-14　　　　　　　　　　图 4-15　　　　　　　　　　图 4-16

新建画笔预设：用于建立新画笔。重命名画笔：用于重新命名画笔。删除画笔：用于删除当前选中的画笔。仅文本：以文字描述方式显示画笔选择面板。小缩览图：以小图标方式显示画笔选择面板。大缩览图：以大图标方式显示画笔选择面板。小列表：以小文字和图标列表方式显示画笔选择面板。大列表：以大文字和图标列表方式显示画笔选择面板。描边缩览图：以笔画的方式显示画笔选择面板。预设管理器：用于在弹出的"预设管理器"对话框中编辑画笔。复位画笔：用于恢复默认状态的画笔。载入画笔：用于将存储的画笔载入面板。存储画笔：用于将当前的画笔进行存储。替换画笔：用于载入新画笔并替换当前画笔。

在画笔选择面板中单击"从此画笔创建新的预设"按钮，可以弹出图 4-17 所示的"画笔名称"对话框。单击画笔工具属性栏中的"切换画笔面板"按钮，可以弹出图 4-18 所示的"画笔"控制面板。

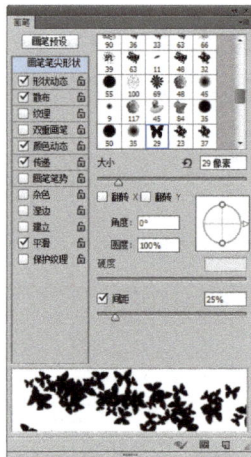

图 4-17　　　　　　　　　　　　　　　　图 4-18

4.1.3　铅笔工具

选择铅笔工具，或反复按 Shift+B 组合键，其属性栏如图 4-19 所示。

图 4-19

画笔：用于选择画笔的形状。模式：用于选择混合模式。不透明度：用于设定不透明度。自动抹除：用于自动判断绘画时的起始点颜色，如果起始点颜色为背景色，则铅笔工具将以前景色绘制；如果起始点颜色为前景色，则铅笔工具会以背景色绘制。

选择铅笔工具，在其属性栏中选择笔触大小，并选择"自动抹除"选项，如图 4-20 所示，此时绘制效果与鼠标所单击的起始点颜色有关，当鼠标单击的起始点颜色与前景色相同时，铅笔工具将行使橡皮擦工具的功能，以背景色绘图；如果鼠标单击的起始点颜色不是前景色，绘图时仍然会保持以前景色绘制。

将前景色和背景色分别设定为紫色和白色，在属性栏中勾选"自动抹除"选项，在图像中单击，绘制出一个紫色图形，在紫色图形上单击绘制下一个图形，效果如图 4-21 所示。

图 4-20　　　　　　　　　　　　　　　　图 4-21

4.2 历史记录画笔工具和历史记录艺术画笔工具

应用历史记录画笔工具和历史记录艺术画笔工具，可以制作出特殊的图像效果。

功能介绍

历史记录画笔工具：主要用于将图像恢复到某一历史状态，以形成特殊的图像效果。

历史记录艺术画笔工具：主要用于将图像的部分区域恢复到某一历史状态，以形成特殊的艺术图像效果。

4.2.1 课堂案例——制作浮雕插画

【案例学习目标】学会应用历史记录控制面板制作油画效果，使用调色命令和滤镜命令制作图像效果。

【案例知识要点】使用历史记录艺术画笔工具制作涂抹效果，使用去色命令将图片去色，使用浮雕效果滤镜为图片添加浮雕效果，使用横排文字工具添加文字，最终效果如图 4-22 所示。

【效果所在位置】Ch04\效果\制作浮雕插画.psd。

图 4-22

（1）按 Ctrl + O 组合键，打开本书学习资源中的 "Ch04\ 素材 \ 制作浮雕插画 \01" 文件，如图 4-23 所示。选择 "窗口 > 历史记录" 命令，弹出 "历史记录" 控制面板，单击面板右上方的 按钮，在弹出的菜单中选择 "新建快照" 命令，弹出对话框，设置如图 4-24 所示，单击 "确定" 按钮。

图 4-23   图 4-24

（2）新建图层并将其命名为 "黑色块"。按 Alt+Delete 组合键，用前景色填充图层。在 "图层" 控制面板中，将 "不透明度" 选项设为 80%，如图 4-25 所示，效果如图 4-26 所示。

（3）新建图层并将其命名为 "油画"。选择历史记录艺术画笔工具 ，单击属性栏中的 "画笔"

选项，弹出画笔选择面板，单击面板右上方的 ✿. 按钮，在弹出的菜单中选择"干介质画笔"选项，弹出提示对话框，单击"追加"按钮。在面板中选择需要的画笔形状，将"主直径"选项设为 25px，"不透明度"选项设为 85%，在图像窗口中拖曳鼠标绘制图形，效果如图 4-27 所示。继续拖曳鼠标绘制图形，直到笔刷铺满图像窗口，效果如图 4-28 所示。

图 4-25   图 4-26   图 4-27   图 4-28

（4）将"油画"图层拖曳到控制面板下方的"创建新图层"按钮 🔲 上进行复制，生成新的图层并将其命名为"浮雕"。选择"图像 > 调整 > 去色"命令，将图像去色，效果如图 4-29 所示。

（5）在"图层"控制面板中，将"浮雕"图层的混合模式选项设为"柔光"，如图 4-30 所示，图像效果如图 4-31 所示。

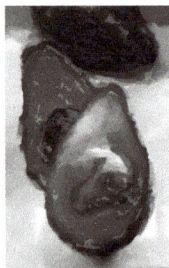  

图 4-29   图 4-30   图 4-31

（6）选择"滤镜 > 风格化 > 浮雕效果"命令，在弹出的对话框中进行设置，如图 4-32 所示，单击"确定"按钮，效果如图 4-33 所示。

（7）选择横排文字工具 T，在属性栏中选择合适的字体并设置文字大小，在图像窗口的下方输入需要的墨绿色文字，选取输入的文字，按 Alt+ → 组合键，调整字间距，如图 4-34 所示。浮雕插画制作完成。

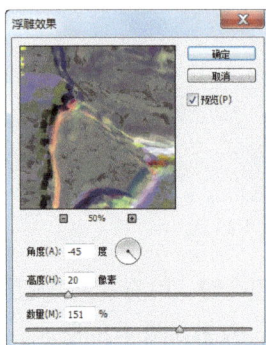  

图 4-32   图 4-33   图 4-34

4.2.2　历史记录画笔工具

历史记录画笔工具需要与"历史记录"控制面板结合起来使用，主要用于将图像恢复到某一历史状态，以形成特殊的图像效果。

打开一张图片，如图 4-35 所示。为图片添加滤镜效果，如图 4-36 所示。"历史记录"控制面板中的效果如图 4-37 所示。

图 4-35　　　　　　　图 4-36　　　　　　　图 4-37

选择椭圆选框工具，在其属性栏中将"羽化"选项设为 50，在图像窗口中绘制一个椭圆形选区，如图 4-38 所示。选择历史记录画笔工具，在"历史记录"控制面板中单击"打开"步骤左侧的方框，设置历史记录画笔的源，显示出图标，如图 4-39 所示。

图 4-38　　　　　　　　　　图 4-39

用历史记录画笔工具在选区中涂抹，如图 4-40 所示，取消选区后的效果如图 4-41 所示。"历史记录"控制面板中的效果如图 4-42 所示。

图 4-40　　　　　　　图 4-41　　　　　　　图 4-42

4.2.3　历史记录艺术画笔工具

历史记录艺术画笔工具和历史记录画笔工具的使用方法基本相同。区别在于使用历史记录艺术画笔工具绘图时可以产生艺术效果。选择历史记录艺术画笔工具 [𝄞]，其属性栏如图 4-43 所示。

图 4-43

样式：用于选择一种艺术笔触。区域：用于设置画笔绘制时所覆盖的像素范围。容差：用于设置画笔绘制时的间隔时间。

原图效果如图 4-44 所示。用颜色填充图像，效果如图 4-45 所示。"历史记录"控制面板中的效果如图 4-46 所示。

图 4-44　　　　　　　　　　　图 4-45　　　　　　　　　　图 4-46

在"历史记录"控制面板中单击"打开"步骤左侧的方框，设置历史记录画笔的源，显示出 [𝄞] 图标，如图 4-47 所示。选择历史记录艺术画笔工具 [𝄞]，在属性栏中进行图 4-48 所示的设置。

图 4-47　　　　　　　　　　　　　　　图 4-48

用历史记录艺术画笔工具 [𝄞] 在图像上涂抹，效果如图 4-49 所示，"历史记录"控制面板中的效果如图 4-50 所示。

图 4-49　　　　　　　　　　图 4-50

4.3　油漆桶工具、吸管工具和渐变工具

使用油漆桶工具可以改变图像的色彩，使用吸管工具可以吸取需要的色彩，应用渐变工具可以创建多种颜色间的渐变效果。

功能介绍

油漆桶工具：可以在图像或选区中，对指定色差范围内的色彩区域进行色彩或图案填充。

吸管工具：可以在图像或"颜色"控制面板中吸取颜色，并可在"信息"控制面板中观察像素的色彩信息。

渐变工具：用于在图像或图层中形成一种色彩渐变的图像效果。

4.3.1　课堂案例——制作博览会标识

【案例学习目标】学习使用钢笔工具绘制图形，使用渐变工具制作图形效果。

【案例知识要点】使用钢笔工具绘制图形，使用渐变工具填充图形的颜色，最终效果如图 4-51 所示。

【效果所在位置】Ch04\效果\制作博览会标识.psd。

图 4-51

（1）按 Ctrl+N 组合键，新建一个文件，宽度为 8 厘米，高度为 8 厘米，分辨率为 300 像素/英寸，颜色模式为 RGB，背景内容为白色。

（2）新建图层并将其命名为"形状 1"。选择钢笔工具，在属性栏的"选择工具模式"选项中选择"路径"，在图像窗口中绘制一个闭合路径。按 Ctrl+Enter 组合键，将路径转换为选区，如图 4-52 所示。

（3）选择渐变工具，单击属性栏中的"点按可编辑渐变"按钮，弹出"渐变编辑器"对话框，将渐变颜色设为从蓝色（其 R、G、B 的值分别为 0、113、190）到草绿色（其 R、G、B 的值分别为 203、216、26），如图 4-53 所示，单击"确定"按钮。按住 Shift 键的同时，在选区中由右至左拖曳鼠标填充渐变色，取消选区后，效果如图 4-54 所示。

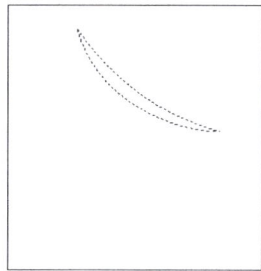

图 4-52

（4）新建图层并将其命名为"形状 2"。选择钢笔工具，在图像窗口中绘制一个闭合路径。按 Ctrl+Enter 组合键，将路径转换为选区，如图 4-55 所示。

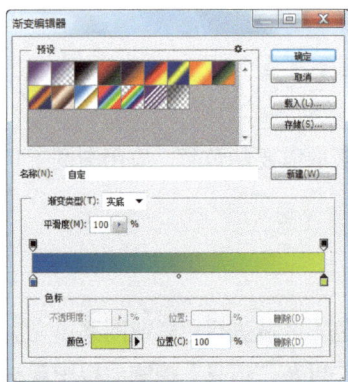

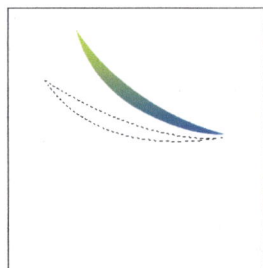

图 4-53 　　　　　　　　　　图 4-54 　　　　　　　　　　图 4-55

（5）选择渐变工具 ，单击属性栏中的"点按可编辑渐变"按钮 ，弹出"渐变编辑器"对话框，将渐变颜色设为从蓝色（其 R、G、B 的值分别为 34、32、136）到紫色（其 R、G、B 的值分别为 139、10、132），如图 4-56 所示，单击"确定"按钮。按住 Shift 键的同时，在选区中由右至左拖曳鼠标填充渐变色，取消选区后，效果如图 4-57 所示。用相同的方法绘制"形状 3"和"形状 4"，效果如图 4-58 所示。

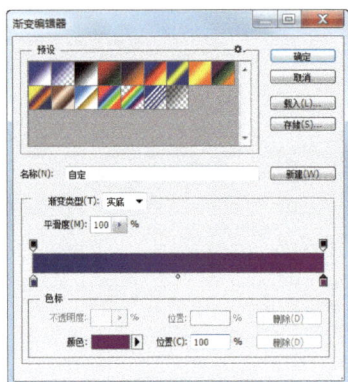

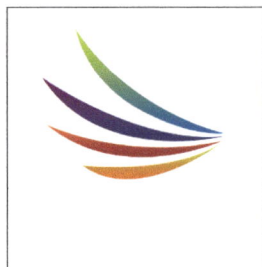

图 4-56 　　　　　　　　　　图 4-57 　　　　　　　　　　图 4-58

（6）将前景色设为黑色。选择横排文字工具 ，在适当的位置分别输入需要的文字并选取文字，在属性栏中分别选择合适的字体并设置文字大小，效果如图 4-59 所示。此时，"图层"控制面板中会分别生成新的文字图层，如图 4-60 所示。博览会标识制作完成。

图 4-59 　　　　　　　　　　图 4-60

4.3.2 油漆桶工具

油漆桶工具可以在图像或选区中对指定色差范围内的色彩区域进行色彩或图案填充。
选择油漆桶工具 ，或反复按 Shift+G 组合键，其属性栏如图 4-61 所示。

图 4-61

前景 ：在其下拉列表中可以选择填充前景色或图案。 ：用于选择定义好的图案。模式：用于选择着色的模式。不透明度：用于设定不透明度。容差：用于设定色差的范围，数值越小，容差越小，填充的区域也越小。消除锯齿：用于消除边缘的锯齿。连续的：用于设定填充方式。所有图层：用于选择是否对所有可见图层进行填充。

选择油漆桶工具 ，在其属性栏中对"容差"选项进行不同的设置，如图 4-62 和图 4-63 所示，用油漆桶工具在图像中填充颜色，不同的填充效果如图 4-64 和图 4-65 所示。

图 4-62

图 4-63

图 4-64

图 4-65

在属性栏中设置图案，如图 4-66 所示，用油漆桶工具在图像中填充图案，效果如图 4-67 所示。

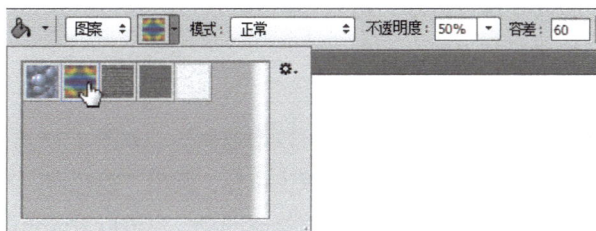

图 4-66

图 4-67

4.3.3　吸管工具

选择吸管工具 ，或反复按 Shift+I 组合键，其属性栏如图 4-68 所示。

选择吸管工具 ，在图像中需要的位置单击，当前的前景色将变为吸管吸取的颜色，在"信息"控制面板中可以看到吸取颜色的色彩信息，如图 4-69 所示。

图 4-68

图 4-69

4.3.4　渐变工具

选择渐变工具 ，或反复按 Shift+G 组合键，其属性栏如图 4-70 所示。

图 4-70

渐变工具包括线性渐变工具、径向渐变工具、角度渐变工具、对称渐变工具和菱形渐变工具。

 ：用于选择和编辑渐变的色彩。 ：用于选择各类型的渐变工具。模式：用于选择着色的模式。不透明度：用于设定渐变效果的不透明度。反向：用于反向生成色彩渐变的效果。仿色：用于使渐变效果更平滑。透明区域：勾选该选项，可以创建包含透明像素的渐变；取消勾选则创建实色渐变。

如果要自定义渐变形式和色彩，可单击"点按可编辑渐变"按钮 ，在弹出的"渐变编辑器"对话框中进行设置，如图 4-71 所示。

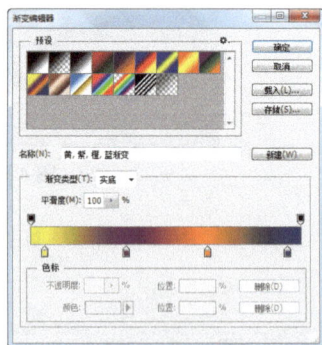

图 4-71

在"渐变编辑器"对话框中，单击颜色渐变条下方的适当位置，可以增加色标，如图 4-72 所示。可以对颜色进行调整，在对话框下方的"颜色"选项中选择颜色，或双击色标，弹出"拾色器"对话框，如图 4-73 所示，在其中选择合适的颜色，单击"确定"按钮，即可修改颜色。也可以对颜色的位置进行调整，在"位置"选项的数值框中输入数值或直接拖曳色标，都可以调整颜色的位置。

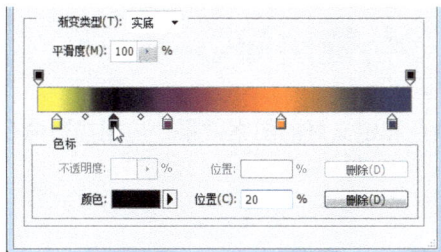

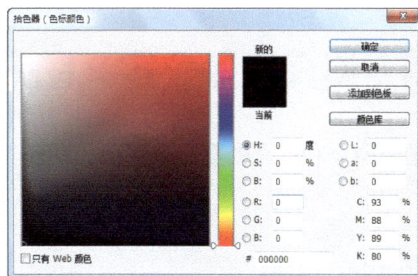

图 4-72　　　　　　　　　　　　　　　　图 4-73

任意选择一个色标，如图 4-74 所示，单击对话框下方的"删除"按钮 [　删除(D)　] ，或按 Delete 键，可以将色标删除，如图 4-75 所示。

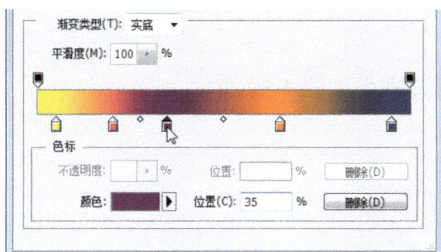

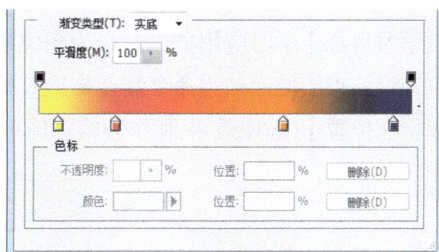

图 4-74　　　　　　　　　　　　　　　　图 4-75

在对话框中单击颜色渐变条左上方的黑色色标，如图 4-76 所示，调整"不透明度"选项的数值，可以使开始的颜色到结束的颜色显示为半透明的效果，如图 4-77 所示。

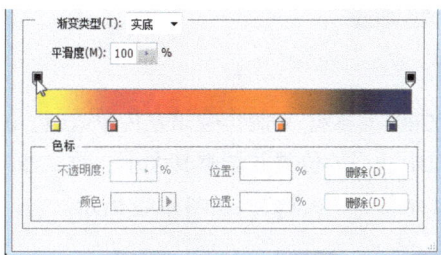

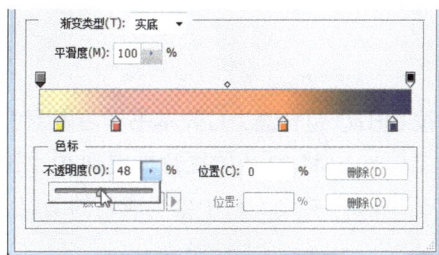

图 4-76　　　　　　　　　　　　　　　　图 4-77

在颜色渐变条的上方单击，可以生成新的色标，如图 4-78 所示，调整"不透明度"选项的数值，可以使新色标所在位置的渐变色呈现半透明效果，如图 4-79 所示。如果想删除新的色标，可以单击对话框下方的"删除"按钮 [　删除(D)　] ，或按 Delete 键。

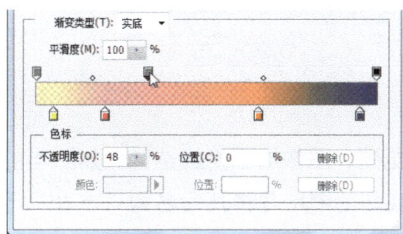

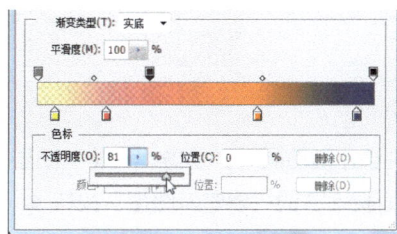

图 4-78　　　　　　　　　　　　　　　　图 4-79

4.4 填充命令、定义图案命令与描边命令

应用填充命令和定义图案命令可以为图像添加颜色和定义好的图案效果，应用描边命令可以为图像描边。

功能介绍

描边命令：可以将选定区域的边缘用前景色描绘出来。

4.4.1 课堂案例——制作会馆宣传单

【案例学习目标】学习应用描边命令为图像描边。
【案例知识要点】使用描边命令制作描边效果，最终效果如图 4-80 所示。
【效果所在位置】Ch04\效果\制作会馆宣传单.psd。

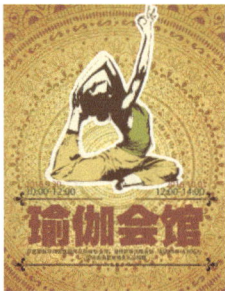

图 4-80

（1）按 Ctrl+O 组合键，打开本书学习资源中的"Ch04 \ 素材 \ 制作会馆宣传单 \01、02"文件，选择移动工具 ，将 02 人物图片拖曳到 01 图像窗口中适当的位置并调整其大小，效果如图 4-81 所示。此时，"图层"控制面板中会生成新的图层，将其命名为"人物"，如图 4-82 所示。

图 4-81   图 4-82

（2）按住 Ctrl 键的同时，单击"人物"图层的缩览图，图像周围生成选区，如图 4-83 所示。单击"图层"控制面板下方的"创建新图层"按钮 ，生成新的图层并将其命名为"描边"。选择"编辑 > 描边"命令，弹出"描边"对话框，将描边颜色设为白色，其他选项的设置如图 4-84 所示，单击"确定"按钮。按 Ctrl+D 组合键，取消选区，效果如图 4-85 所示。

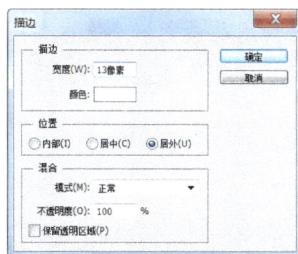

图 4-83   图 4-84   图 4-85

（3）选择"文件 > 置入"命令，弹出"置入"对话框，选择本书学习资源中的"Ch04 \ 素材 \ 制作会馆宣传单 \ 03"文件，如图 4-86 所示，单击"置入"按钮，将选中的图片置入图像窗口中并拖曳到适当的位置，按 Enter 键确认，效果如图 4-87 所示。会馆宣传单制作完成。

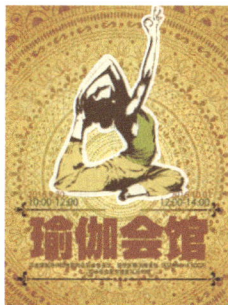

图 4-86   图 4-87

4.4.2 填充命令

选择"编辑 > 填充"命令，弹出"填充"对话框，如图 4-88 所示。

使用：用于选择填充方式，包括使用前景色、背景色、颜色、内容识别、图案、历史记录、黑色、50%灰色、白色进行填充。模式：用于设置填充模式。不透明度：用于调整不透明度。

在图像中绘制选区，如图 4-89 所示。选择"编辑 > 填充"命令，弹出"填充"对话框，设置如图 4-90 所示，单击"确定"按钮，填充的效果如图 4-91 所示。

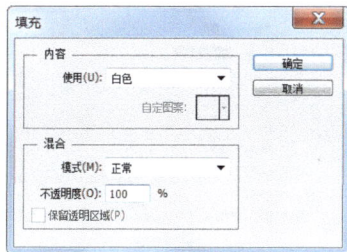

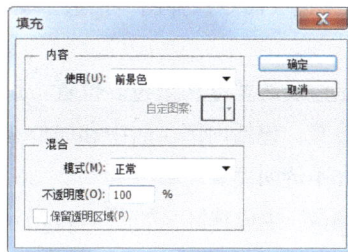

图 4-88   图 4-89   图 4-90   图 4-91

> **技巧** 按 Alt+Backspace 组合键，将使用前景色填充选区或图层。按 Ctrl+Backspace 组合键，将使用背景色填充选区或图层。按 Delete 键，将删除选区中的图像，露出背景色或下面的图像。

4.4.3　定义图案命令

在图像中绘制需要的选区，如图 4-92 所示。选择"编辑 > 定义图案"命令，弹出"图案名称"对话框，如图 4-93 所示，单击"确定"按钮，图案定义完成。按 Ctrl+D 组合键，取消选区。

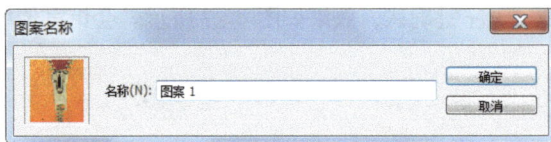

图 4-92　　　　　　　　　　　　　　　图 4-93

选择"编辑 > 填充"命令，弹出"填充"对话框，在"自定图案"选择框中选择新定义的图案，如图 4-94 所示，单击"确定"按钮，图案填充的效果如图 4-95 所示。

在"填充"对话框的"模式"选项中选择不同的填充模式，如图 4-96 所示，单击"确定"按钮，填充的效果如图 4-97 所示。

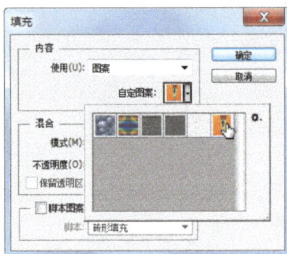
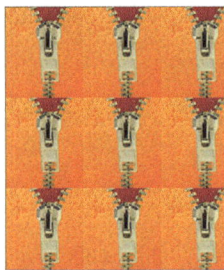

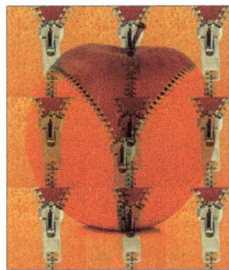

图 4-94　　　　　　图 4-95　　　　　　图 4-96　　　　　　图 4-97

4.4.4　描边命令

选择"编辑 > 描边"命令，弹出"描边"对话框，如图 4-98 所示。

描边：用于设定边线的宽度和颜色。位置：用于设定所描边线相对于区域边缘的位置，包括内部、居中和居外 3 个选项。混合：用于设置描边模式和不透明度。

选中要描边的图像，生成选区，如图 4-99 所示。选择"编辑 > 描边"命令，弹出"描边"对话框，设置如图 4-100 所示，单击"确定"按钮。按 Ctrl+D 组合键，取消选区，图像描边效果如图 4-101 所示。

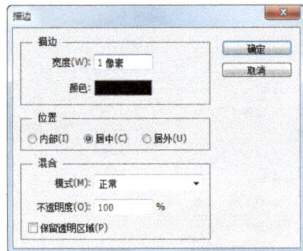

图 4-98

图 4-99

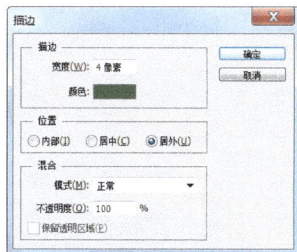
图 4-100

图 4-101

在"描边"对话框中，将"模式"选项设置为"强光"，如图 4-102 所示，单击"确定"按钮。按 Ctrl+D 组合键，取消选区，图像描边效果如图 4-103 所示。

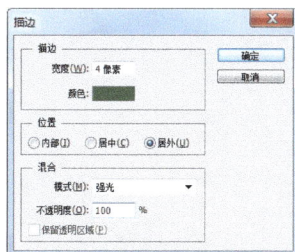
图 4-102

图 4-103

课堂练习——绘制时尚装饰画

【练习知识要点】使用画笔工具绘制小草图形，使用横排文字工具添加文字，最终效果如图 4-104 所示。

【效果所在位置】Ch04\效果\绘制时尚装饰画.psd。

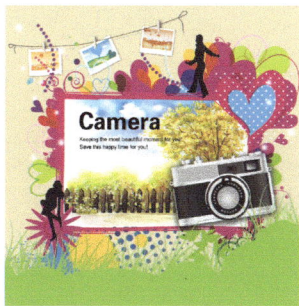
图 4-104

课后习题——绘制音乐图标

【习题知识要点】使用定义图案命令和不透明度命令制作背景图，使用圆角矩形工具和图层样式制作按钮图形，使用圆角矩形工具、画笔工具、描边路径命令和添加图层蒙版命令制作高光图形，使用横排文字工具添加文字，最终效果如图 4-105 所示。

【效果所在位置】Ch04\效果\绘制音乐图标.psd。

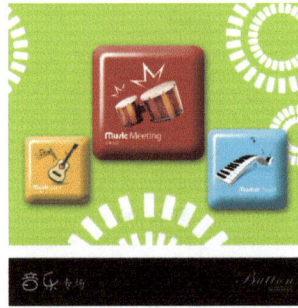

图 4-105

第5章 修饰图像

本章介绍

本章主要介绍 Photoshop CS6 中修饰图像的方法与技巧。通过对本章的学习，读者可以掌握修饰图像的基本方法与技巧，应用相关工具快速修复图像中的瑕疵，以及对图像进行一定的修饰，使图像更加完美。

学习目标

- 掌握修复与修补工具的使用方法。
- 掌握修饰工具的使用技巧。
- 掌握擦除工具的使用技巧。

技能目标

- 掌握"风景插画"的制作方法。
- 掌握"运动宣传照片"的制作方法。
- 掌握"装饰画"的制作方法。
- 掌握"祝福卡"的制作方法。

5.1　修复与修补工具

修复与修补工具用于对图像的细微部分进行修整，是处理图像时不可缺少的工具。

功能介绍

修复画笔工具：可以将取样点的像素信息非常自然地复制到图像的破损位置，并保持图像的亮度、饱和度、纹理等属性。

5.1.1　课堂案例——制作风景插画

【案例学习目标】学习使用修复画笔工具修复图像。

【案例知识要点】使用修复画笔工具清除杂物，最终效果如图 5-1 所示。

【效果所在位置】Ch05\效果\制作风景插画.psd。

图 5-1

（1）按 Ctrl + O 组合键，打开本书学习资源中的"Ch05\ 素材 \ 制作风景插画 \01"文件，如图 5-2 所示。将"背景"图层拖曳到"图层"控制面板下方的"创建新图层"按钮 ⬜ 上进行复制，生成新的副本图层，如图 5-3 所示。

（2）选择修复画笔工具 ✐，单击"画笔"选项右侧的 ⋅ 按钮，弹出画笔面板，选项的设置如图 5-4 所示。按住 Alt 键的同时，鼠标指针变为 ⊕ 形状，单击定下样本的取样点，释放鼠标，在图像中要修复的位置拖曳鼠标复制出取样点的图像，效果如图 5-5 所示。

  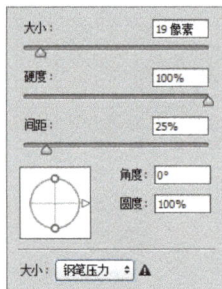 

图 5-2　　　　　　　　图 5-3　　　　　　　　图 5-4　　　　　　　　图 5-5

（3）选择横排文字工具 T，输入需要的文字并选取文字，在属性栏中选择合适的字体并设置文字大小，效果如图 5-6 所示。风景插画制作完成，效果如图 5-7 所示。

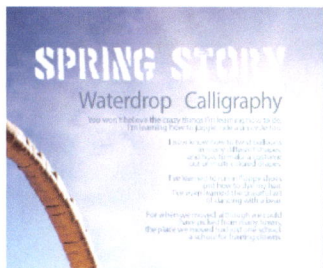

图 5-6　　　　　　　　　　　　　图 5-7

5.1.2　修补工具

选择修补工具 ，或反复按 Shift+J 组合键，其属性栏如图 5-8 所示。

图 5-8

新选区：去除旧选区，绘制新选区。添加到选区：在原有选区的上面添加新的选区。从选区减去：在原有选区上减去新选区的部分。与选区交叉：选择新旧选区重叠的部分。

使用修补工具 圈选图像中的玫瑰花，如图 5-9 所示。选中属性栏中的"源"选项，将选区中的图像拖曳到需要的位置，如图 5-10 所示。释放鼠标，选区中的玫瑰花被替换。按 Ctrl+D 组合键，取消选区，修补的效果如图 5-11 所示。

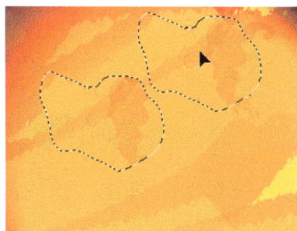

图 5-9　　　　　　　　图 5-10　　　　　　　　图 5-11

使用修补工具 圈选图像中的区域，如图 5-12 所示。选中属性栏中的"目标"选项，再将选区拖曳到要修补的图像区域，如图 5-13 所示，圈选区域中的图像可以替换其他区域的图像。按 Ctrl+D 组合键，取消选区，修补效果如图 5-14 所示。

图 5-12

图 5-13

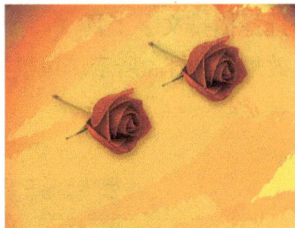

图 5-14

5.1.3　修复画笔工具

选择修复画笔工具 ，或反复按 Shift+J 组合键，其属性栏如图 5-15 所示。

图 5-15

模式：在其下拉列表中可以选择复制像素或填充图案与底图的混合模式。源：选择"取样"选项后，按住 Alt 键，鼠标指针变为⊕形状，单击定下样本的取样点，释放鼠标，可以在图像中要修复的位置拖曳鼠标复制出取样点的图像；选择"图案"选项后，可以选择图案或自定义图案来填充图像。对齐：勾选此复选框，下一次的复制位置会和上次的完全重合，图像不会因为重新复制而出现错位。

单击"画笔"选项右侧的 按钮，在弹出的画笔面板中，可以设置画笔的大小、硬度、间距、角度、圆度等，如图 5-16 所示。使用修复画笔工具修复照片的过程如图 5-17、图 5-18 和图 5-19 所示。

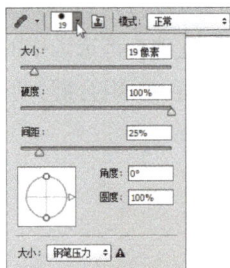

图 5-16

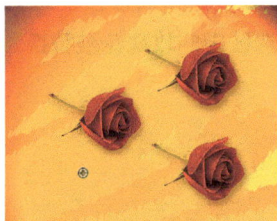

图 5-17

图 5-18

图 5-19

单击属性栏中的"切换仿制源面板"按钮 ，弹出"仿制源"控制面板，如图 5-20 所示。

仿制源：激活该按钮后，按住 Alt 键的同时使用修复画笔工具在图像中单击，可设置取样点。单击下一个仿制源按钮，还可以继续取样。

位移：指定 x 轴和 y 轴的像素位移，可以在相对于取样点的精确位置进行仿制。

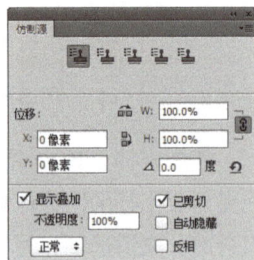

图 5-20

W/H：可以缩放所仿制的源。

旋转：在文本框中输入旋转角度，可以旋转仿制的源。

翻转：单击"水平翻转"按钮 或"垂直翻转"按钮 ，可水平或垂直翻转仿制源。

"复位变换"按钮 ：可将 W、H、角度值和翻转方向恢复到默认的状态。

显示叠加：勾选此复选框并设置了叠加方式后，在使用修复工具时，可以更好地查看叠加效果及下面的图像。

不透明度：用来设置叠加图像的不透明度。

已剪切：可将叠加剪切到画笔大小。

自动隐藏：可以在应用绘画描边时隐藏叠加。

反相：可反相叠加颜色。

5.1.4　图案图章工具

使用图案图章工具 ，可以以预先定义的图案为复制对象进行复制。

选择图案图章工具 ，或反复按 Shift+S 组合键，其属性栏如图 5-21 所示。

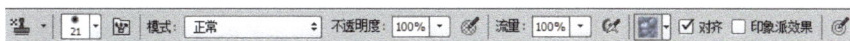

图 5-21

选择图案图章工具 ，在要定义为图案的图像上绘制选区，如图 5-22 所示。选择"编辑 > 定义图案"命令，弹出"图案名称"对话框，如图 5-23 所示，单击"确定"按钮，将选区中的图像定义为图案。

图 5-22

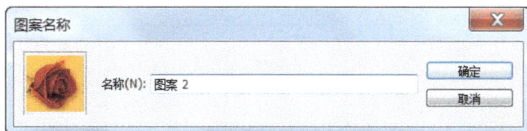

图 5-23

在属性栏中选择定义好的图案，如图 5-24 所示。按 Ctrl+D 组合键，取消图像中的选区。选择图案图章工具 ，在合适的位置拖曳鼠标绘制出定义好的图案，效果如图 5-25 所示。

图 5-24

图 5-25

5.1.5　颜色替换工具

颜色替换工具能够使用选取的颜色替换图像中现有的颜色。颜色替换工具不适用于"位图""索引"

"多通道"颜色模式的图像。

选择颜色替换工具，其属性栏如图 5-26 所示。

图 5-26

原始图像的效果如图 5-27 所示。调出"颜色"控制面板和"色板"控制面板，在"颜色"控制面板中设置前景色，如图 5-28 所示，在"色板"控制面板中单击"创建前景色的新色板"按钮，将设置的前景色存放在控制面板中，如图 5-29 所示。

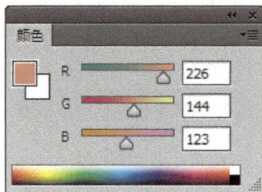

图 5-27　　　　　　　　　图 5-28　　　　　　　　　图 5-29

选择颜色替换工具，在属性栏中进行设置，如图 5-30 所示，在图像中需要上色的区域直接涂抹，进行上色，效果如图 5-31 所示。

图 5-30　　　　　　　　　　　　　　　　图 5-31

功能介绍

仿制图章工具：可以以指定的像素点为复制基准点，将其周围的图像复制到其他地方。

5.1.6　课堂案例——制作运动宣传照片

【案例学习目标】学习使用仿制图章工具擦除图像中的杂物及不需要的图像。

【案例知识要点】使用仿制图章工具清除照片中的杂物，最终效果如图 5-32 所示。

【效果所在位置】Ch05\效果\制作运动宣传照片.psd。

图 5-32

（1）按 Ctrl + O 组合键，打开本书学习资源中的"Ch05 \ 素材 \ 制作运动宣传照片 \ 01"文件，如图 5-33 所示。按 Ctrl+J 组合键，复制"背景"图层。选择缩放工具　，将图像的局部放大。选择仿制图章工具　，在属性栏中单击"画笔"选项右侧的 · 按钮，弹出画笔选择面板，选择需要的画笔形状，如图 5-34 所示。

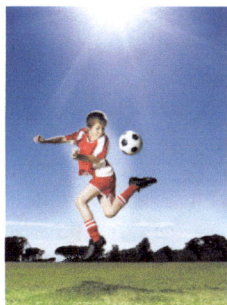
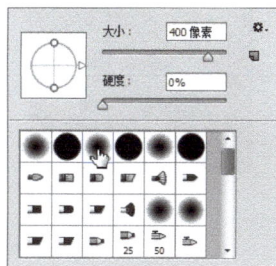

图 5-33　　　　　　　　　　图 5-34

（2）将鼠标指针放置到图像需要复制的位置，按住 Alt 键的同时，鼠标指针变为 形状，如图 5-35 所示。单击定下取样点，在图像窗口中有杂物的位置多次单击，清除图像中的杂物，效果如图 5-36 所示。使用相同的方法清除图像中的其他杂物，效果如图 5-37 所示。

（3）将前景色设为白色。选择横排文字工具　，在适当的位置输入需要的文字并选取文字，在属性栏中选择合适的字体并设置文字大小，效果如图 5-38 所示。运动宣传照片制作完成。

图 5-35　　　　　　　　图 5-36　　　　　　　　图 5-37　　　　　　　　图 5-38

5.1.7　仿制图章工具

选择仿制图章工具 ，或反复按 Shift+S 组合键，其属性栏如图 5-39 所示。

图 5-39

画笔：用于选择画笔的形状。模式：用于选择混合模式。不透明度：用于设定不透明度。流量：用于设定扩散的速度。对齐：用于控制是否在复制时使用对齐功能。

选择仿制图章工具 📷，将鼠标指针放在图像中需要复制的位置，按住 Alt 键，鼠标指针变为 ⊕ 形状，如图 5-40 所示，单击定下取样点，在合适的位置拖曳鼠标复制出取样点的图像，效果如图 5-41 所示。

图 5-40　　　　　　　　图 5-41

5.1.8　红眼工具

选择红眼工具 📷，或反复按 Shift+J 组合键，其属性栏如图 5-42 所示。

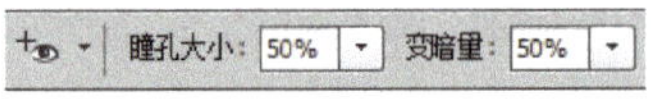

图 5-42

瞳孔大小：用于设置瞳孔的大小。变暗量：用于设置瞳孔的暗度。

5.1.9　污点修复画笔工具

污点修复画笔工具不需要制定样本点，可以自动从所修复区域的周围取样。

选择污点修复画笔工具 📷，或反复按 Shift+J 组合键，其属性栏如图 5-43 所示。

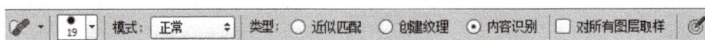

图 5-43

原始图像如图 5-44 所示。选择污点修复画笔工具 📷，在属性栏中进行如图 5-45 所示的设置，在要修复的污点图像上拖曳鼠标，如图 5-46 所示，释放鼠标，污点被去除，效果如图 5-47 所示。

图 5-44 图 5-45

图 5-46 图 5-47

5.2 修饰工具

修饰工具用于对图像进行修饰，使图像产生各种不同的效果。

功能介绍

锐化工具：可以使图像的色彩变强烈。

加深工具：可以使图像的区域变暗。

减淡工具：可以使图像的亮度提高。

5.2.1 课堂案例——制作装饰画

【案例学习目标】使用多种修饰工具调整图像的颜色。

【案例知识要点】使用加深工具、锐化工具、减淡工具和图层混合模式选项调整图像，最终效果如图 5-48 所示。

【效果所在位置】Ch05\效果\制作装饰画.psd。

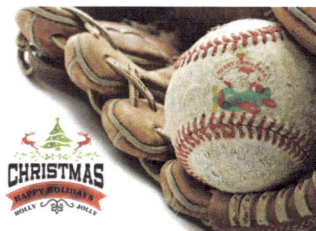

图 5-48

（1）按 Ctrl + O 组合键，打开本书学习资源中的"Ch05 \ 素材 \ 制作装饰画 \ 01、02"文件，01

文件如图 5-49 所示。选择移动工具 [移动图标]，将 02 图片拖曳到 01 图像窗口中适当的位置，如图 5-50 所示。此时，"图层"控制面板中会生成新的图层，将其命名为"文字"。

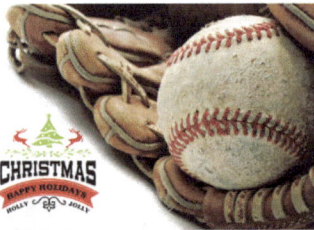

图 5-49   图 5-50

（2）选择加深工具 [加深图标]，在属性栏中单击"画笔"选项右侧的 [按钮] 按钮，弹出画笔选择面板，在面板中选择需要的画笔形状，将"大小"选项设为 65 像素，如图 5-51 所示。在文字图像中适当的位置拖曳鼠标，效果如图 5-52 所示。用相同的方法加深图像其他部分，效果如图 5-53 所示。

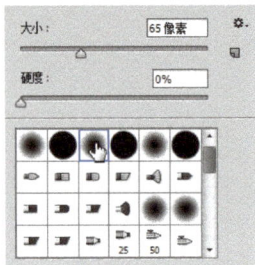

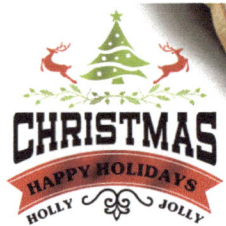

图 5-51   图 5-52   图 5-53

（3）选择锐化工具 [锐化图标]，在属性栏中单击"画笔"选项右侧的 [按钮] 按钮，弹出画笔选择面板，在面板中选择需要的画笔形状，将"大小"选项设为 400 像素，如图 5-54 所示。在背景图像中适当的位置拖曳鼠标，效果如图 5-55 所示。

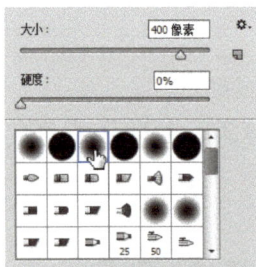

图 5-54   图 5-55

（4）按 Ctrl + O 组合键，打开本书学习资源中的"Ch05 \ 素材 \ 制作装饰画 \ 03"文件，选择移动工具 [移动图标]，将 03 图片拖曳到图像窗口中适当的位置，效果如图 5-56 所示。此时，"图层"控制面板中会生成新的图层，将其命名为"图案"。

（5）在"图层"控制面板中，将"图案"图层的混合模式选项设为"正片叠底"，如图 5-57 所示，图像效果如图 5-58 所示。

图 5-56   图 5-57   图 5-58

（6）选择减淡工具 ，在属性栏中单击"画笔"选项右侧的 按钮，弹出画笔选择面板，在面板中选择需要的画笔形状，将"大小"选项设为 65 像素，如图 5-59 所示。在图案图像中适当的位置拖曳鼠标，效果如图 5-60 所示。装饰画制作完成。

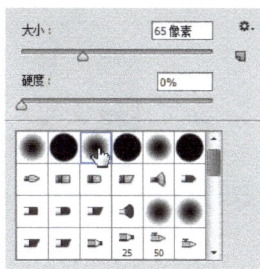

图 5-59   图 5-60

5.2.2 模糊工具

选择模糊工具，或反复按 Shift+R 组合键，其属性栏如图 5-61 所示。

图 5-61

画笔：用于选择画笔的形状。模式：用于设定模式。强度：用于设定压力的大小。对所有图层取样：用于确定模糊工具是否对所有可见图层起作用。

选择模糊工具，在属性栏中进行设置，如图 5-62 所示，在图像窗口中拖曳鼠标，可以使图像产生模糊的效果。原图像和模糊后的图像效果分别如图 5-63 和图 5-64 所示。

图 5-62   图 5-63   图 5-64

5.2.3 锐化工具

选择锐化工具 △，或反复按 Shift+R 组合键，其属性栏如图 5-65 所示。属性栏中的选项与模糊工具属性栏的选项类似。

图 5-65

选择锐化工具 △，在属性栏中进行设置，如图 5-66 所示，在图像窗口中人物的脸上拖曳鼠标，可以使图像产生锐化的效果。原图像和锐化后的图像效果分别如图 5-67 和图 5-68 所示。

图 5-66   图 5-67   图 5-68

5.2.4 加深工具

选择加深工具 ◔，或反复按 Shift+O 组合键，其属性栏如图 5-69 所示。

图 5-69

选择加深工具 ◔，在属性栏中进行设置，如图 5-70 所示，在图像窗口中拖曳鼠标，可以使图像颜色加深。原图像和加深后的图像效果分别如图 5-71 和图 5-72 所示。

图 5-70   图 5-71   图 5-72

5.2.5 减淡工具

选择减淡工具 ◕，或反复按 Shift+O 组合键，其属性栏如图 5-73 所示。

图 5-73

画笔：用于选择画笔的形状。范围：用于设定图像中所要提高亮度的区域。曝光度：用于设定曝光的强度。

选择减淡工具 ，在属性栏中进行设置，如图 5-74 所示，在图像窗口中拖曳鼠标，可以使图像颜色减淡。原图像和减淡后的图像效果分别如图 5-75 和图 5-76 所示。

图 5-74　　　　　　　　　　　图 5-75　　　　图 5-76

5.2.6　海绵工具

选择海绵工具 ，或反复按 Shift+O 组合键，其属性栏如图 5-77 所示。

图 5-77

画笔：用于选择画笔的形状。模式：用于设定饱和度的处理方式。流量：用于设定扩散的速度。

选择海绵工具 ，在属性栏中进行设置，如图 5-78 所示，在图像窗口中拖曳鼠标，可以增加图像的色彩饱和度。原图像和使用海绵工具后的图像效果分别如图 5-79 和图 5-80 所示。

图 5-78　　　　　　　　　　　图 5-79　　　　图 5-80

5.2.7　涂抹工具

选择涂抹工具 ，或反复按 Shift+R 组合键，其属性栏如图 5-81 所示。属性栏中的选项与模糊工具属性栏的选项类似，增加的"手指绘画"复选框，用于设置是否按前景色进行涂抹。

图 5-81

选择涂抹工具 ，在属性栏中进行设置，如图 5-82 所示，在图像窗口中拖曳鼠标，可以使图像产生涂抹的效果。原图像和涂抹后的图像效果分别如图 5-83 和图 5-84 所示。

图 5-82   图 5-83   图 5-84

5.3　擦除工具

擦除工具包括橡皮擦工具、背景橡皮擦工具和魔术橡皮擦工具。应用擦除工具可以擦除指定图像的颜色，还可以擦除颜色相近区域中的图像。

功能介绍

橡皮擦工具：可以用背景色擦除背景图像或用透明色擦除图层中的图像。

5.3.1　课堂案例——制作祝福卡

【案例学习目标】学习使用绘画工具绘制图形，使用擦除工具擦除多余的图像。

【案例知识要点】使用直线工具绘制线条，使用横排文字工具添加文字，使用橡皮擦工具擦除不需要的图像，使用自定形状工具制作装饰图形，使用矩形选框工具绘制装饰线条，最终效果如图 5-85 所示。

【效果所在位置】Ch05\效果\制作祝福卡.psd。

图 5-85

（1）按 Ctrl + O 组合键，打开本书学习资源中的"Ch05 \ 素材 \ 制作祝福卡 \ 01"文件，如图

5-86 所示。将前景色设为白色。选择横排文字工具 [T]，在图像窗口中输入需要的文字并分别选取文字，在属性栏中选择合适的字体并设置文字大小，文字效果如图 5-87 所示。此时，"图层"控制面板中会生成新的文字图层，如图 5-88 所示。

图 5-86　　　　　　　图 5-87　　　　　　　图 5-88

（2）在文字图层上单击鼠标右键，在弹出的菜单中选择"栅格化文字"命令，栅格化图层。选择橡皮擦工具 [✐]，在属性栏中单击"画笔"选项右侧的 · 按钮，在弹出的画笔选择面板中选择需要的画笔形状，将"大小"选项设为 45px。在文字上拖曳鼠标擦除不需要的图像，效果如图 5-89 所示。

（3）新建图层并将其命名为"线条"。选择直线工具 [╱]，在属性栏中将"粗细"选项设为 23px，在"选择工具模式"选项中选择"像素"，在图像窗口中适当的位置绘制直线，如图 5-90 所示。选择移动工具 [▸+]，按住 Alt 键的同时，拖曳直线到适当的位置复制图像，效果如图 5-91 所示。此时，"图层"控制面板中会生成新的副本图层。

图 5-89　　　　　　　图 5-90　　　　　　　图 5-91

（4）按住 Shift 键的同时，选择"线条"图层，将两个图层之间的图层同时选取。按 Ctrl+E 组合键，合并图层并将其命名为"线条"。选择直线工具 [╱]，调整属性栏中的"粗细"选项，在图像窗口中绘制线条，效果如图 5-92 所示。

图 5-92

（5）新建图层并将其命名为"心形"。选择自定形状工具 [🐾]，单击属性栏中的"形状"选项，弹出"形状"面板，在面板中选中需要的图形，如图 5-93 所示。在属性栏的"选择工具模式"选项中选择"路径"，按住 Shift 键的同时，在图像窗口中拖曳鼠标绘制图形，效果如图 5-94 所示。

（6）按 Ctrl+Enter 组合键，将路径转换为选区。选择"编辑 > 描边"命令，在弹出的对话框中进行设置，如图 5-95 所示，单击"确定"按钮。按 Ctrl+D 组合键，取消选区，效果如图 5-96 所示。

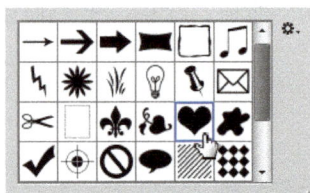

图 5-93　　　　　　　　　图 5-94　　　　　　　　　图 5-95　　　　　　　　　图 5-96

（7）按 Ctrl+T 组合键，图形周围出现变换框，将鼠标指针放置在变换框的外边，指针变为 ↰ 形状，拖曳鼠标将图形旋转到适当的角度，按 Enter 键确认操作，效果如图 5-97 所示。选择移动工具 ，按住 Alt 键的同时，拖曳图像到适当的位置，复制图像，调整其大小并将其旋转到适当的角度，效果如图 5-98 所示。

（8）新建图层并将其命名为"心形 1"。选择自定形状工具 ，在属性栏的"选择工具模式"选项中选择"像素"，按住 Shift 键的同时，在图像窗口中拖曳鼠标绘制图形，并将其旋转到适当的角度，效果如图 5-99 所示。

图 5-97　　　　　　　　　　图 5-98　　　　　　　　　　图 5-99

（9）选择移动工具 ，按住 Alt 键的同时，拖曳图像到适当的位置，复制图像并调整其大小，效果如图 5-100 所示。选择横排文字工具 ，在属性栏中选择合适的字体并设置文字大小，在图像窗口中输入需要的文字，如图 5-101 所示。

图 5-100　　　　　　　　　　　　图 5-101

（10）将"心形 1 副本"图层拖曳到"图层"控制面板下方的"创建新图层"按钮 上进行复制，生成新的副本图层。选择移动工具 ，拖曳复制的图像到适当的位置，并将其旋转到适当的角度，效果如图 5-102 所示。

（11）选择横排文字工具 ，在属性栏中选择合适的字体并设置文字大小，输入需要的文字，如图 5-103 所示。选择移动工具 ，选取需要的文字，按住 Alt 键的同时，拖曳文字到适当的位置，复制文字，并调整其大小，效果如图 5-104 所示。

图 5-102　　　　　　　　　　　　图 5-103　　　　　　　　　　　　图 5-104

（12）在"图层"控制面板中，将文字图层的"填充"选项设为 50%，如图 5-105 所示，图像效果如图 5-106 所示。使用相同的方法复制文字，将文字图层的"填充"选项设为 25%，如图 5-107 所示，图像窗口中的效果如图 5-108 所示。

图 5-105　　　　　　　　图 5-106　　　　　　　　图 5-107　　　　　　　　图 5-108

（13）将前景色设为紫色（其 R、G、B 的值分别为 162、26、86）。选择横排文字工具 T，在适当的位置分别输入需要的文字，并选取文字，在属性栏中选择合适的字体并设置文字大小，效果如图 5-109 所示。

（14）选中"GIVE YOU…"文字图层。单击"图层"控制面板下方的"添加图层样式"按钮 fx，在弹出的菜单中选择"渐变叠加"命令，弹出对话框，单击渐变选项右侧的"点按可编辑渐变"按钮，弹出"渐变编辑器"对话框，在"位置"选项中分别输入 46、50、77 3 个位置点，然后设置 3 个位置点颜色的 RGB 值分别为 46（143、15、69）、50（214、86、132）、77（143、15、69），如图 5-110 所示，单击"确定"按钮；返回到"图层样式"对话框，其他选项的设置如图 5-111 所示，单击"确定"按钮，效果如图 5-112 所示。祝福卡制作完成，如图 5-113 所示。

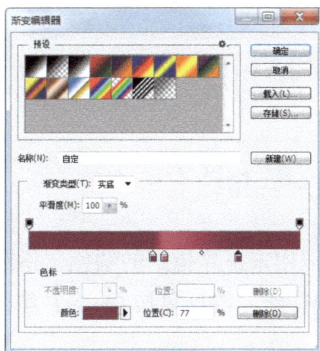

图 5-109　　　　　　　　　　图 5-110

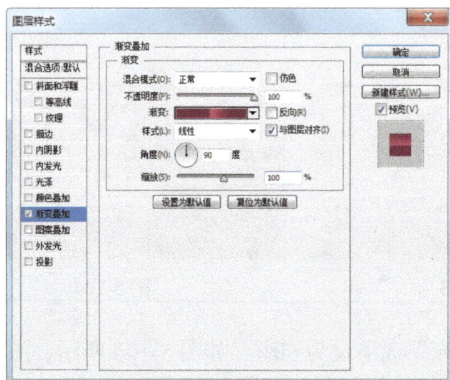

图 5-111

图 5-112

图 5-113

5.3.2　橡皮擦工具

选择橡皮擦工具 ，或反复按 Shift+E 组合键，其属性栏如图 5-114 所示。

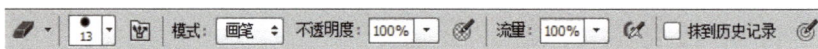

图 5-114

画笔：用于选择橡皮擦的形状和大小。模式：用于选择擦除的笔触方式。不透明度：用于设定不透明度。流量：用于设定扩散的速度。抹到历史记录：用于确定是否以"历史记录"控制面板中确定的图像状态来擦除图像。

选择橡皮擦工具 ，在图像中拖曳鼠标，可以擦除图像。用背景色的白色擦除图像后的效果如图 5-115 所示。用透明色擦除图像后的效果如图 5-116 所示。

图 5-115

图 5-116

5.3.3　背景橡皮擦工具

背景橡皮擦工具可以用来擦除指定的颜色，指定的颜色显示为背景色。

选择背景橡皮擦工具 ，或反复按 Shift+E 组合键，其属性栏如图 5-117 所示。

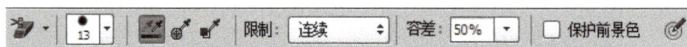

图 5-117

画笔：用于选择橡皮擦的形状和大小。限制：用于选择擦除界限。容差：用于设定容差值。保护前景色：用于保护前景色不被擦除。

选择背景橡皮擦工具，属性栏中的设置如图 5-118 所示，在图像窗口中擦除图像，擦除前后的对比效果如图 5-119 和图 5-120 所示。

图 5-118

图 5-119　　　　　　　　　　　　　　　图 5-120

5.3.4　魔术橡皮擦工具

魔术橡皮擦工具可以自动擦除颜色相近区域中的图像。

选择魔术橡皮擦工具，或反复按 Shift+E 组合键，其属性栏如图 5-121 所示。

容差：用于设定容差值，容差值的大小决定魔术橡皮擦工具擦除图像的面积。消除锯齿：用于消除锯齿。连续：作用于当前层。对所有图层取样：作用于所有图层。不透明度：用于设定不透明度。

选择魔术橡皮擦工具，属性栏中的选项使用默认值，擦除图像后，效果如图 5-122 所示。

图 5-121　　　　　　　　　　　　　　　图 5-122

课堂练习——绘制沙滩插画

【练习知识要点】使用加深工具和模糊工具调整图像，使用橡皮擦工具擦除不需要的图像，最终效果如图 5-123 所示。

【效果所在位置】Ch05\效果\绘制沙滩插画.psd。

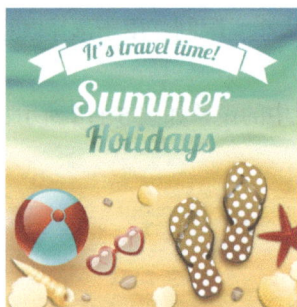

图 5-123

课后习题——制作发廊宣传单

【习题知识要点】使用缩放命令调整图像大小，使用红眼工具去除人物红眼，使用仿制图章工具修复人物图像上的斑纹，使用污点修复画笔工具修复照片的破损处，最终效果如图 5-124 所示。

【效果所在位置】Ch05\效果\制作发廊宣传单.psd。

图 5-124

第 6 章　编辑图像

本章介绍

本章主要介绍 Photoshop CS6 中编辑图像的基本方法，包括调整图像的尺寸、移动和复制图像、裁剪图像、变换图像等。通过对本章的学习，读者可以掌握图像的编辑方法和技巧，快速地对图像进行适当的调整。

学习目标

- 掌握图像编辑工具的使用方法。
- 掌握选区中图像的移动、复制和删除的方法。
- 掌握图像的裁切和变换方法。

技能目标

- 掌握"展示油画"的制作方法。
- 掌握"科技宣传卡"的制作方法。
- 掌握"产品手提袋"的制作方法。

6.1 图像编辑工具

使用图像编辑工具对图像进行编辑和整理，可以提高用户处理图像的效率。

功能介绍

标尺工具：可以在图像中测量任意两点之间的距离，并可以用来测量角度。

注释工具：可以为图像添加文字注释。

6.1.1 课堂案例——制作展示油画

【案例学习目标】学习使用图像编辑工具对图像进行裁剪和注释。

【案例知识要点】使用标尺工具、任意角度命令和裁剪工具制作风景照片，使用注释工具为图像添加注释，最终效果如图 6-1 所示。

【效果所在位置】Ch06\效果\制作展示油画.psd。

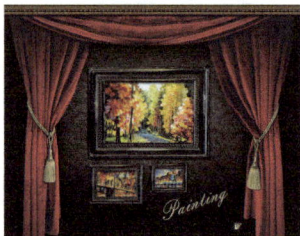

图 6-1

（1）按 Ctrl+O 组合键，打开本书学习资源中的"Ch06 \ 素材 \ 制作展示油画 \ 03"文件，如图 6-2 所示。选择标尺工具 ，在图像窗口的左侧单击确定测量的起点，向右拖曳鼠标出现测量的线段，再次单击确定测量的终点，如图 6-3 所示。

图 6-2

图 6-3

（2）选择"图像 > 图像旋转 > 任意角度"命令，在弹出的"旋转画布"对话框中进行设置，如图 6-4 所示，单击"确定"按钮，效果如图 6-5 所示。

（3）选择裁剪工具 ，在图像窗口中拖曳鼠标绘制矩形裁切框，如图 6-6 所示，按 Enter 键确认操作，效果如图 6-7 所示。

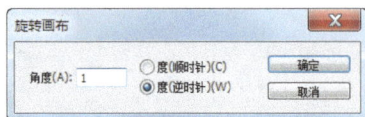

图 6-4

图 6-5　　　　　　　　　　　图 6-6　　　　　　　　　　　图 6-7

（4）按 Ctrl+O 组合键，打开本书学习资源中的 "Ch06 \ 素材 \ 制作展示油画 \ 01" 文件，选择移动工具 ，将 03 图像拖曳到 01 图像窗口中，并调整其大小和位置，效果如图 6-8 所示。此时，"图层" 控制面板中会生成新的图层，将其命名为 "油画"。

（5）按 Ctrl+O 组合键，打开本书学习资源中的 "Ch06 \ 素材 \ 制作展示油画 \ 02" 文件，选择移动工具 ，将 02 图像拖曳到 01 图像窗口中，并调整其大小和位置，效果如图 6-9 所示。此时，"图层" 控制面板中会生成新的图层，将其命名为 "画框"。

（6）将前景色设为米色（其 R、G、B 的值分别为 200、178、139）。选择横排文字工具 ，在属性栏中选择合适的字体并设置文字大小，输入需要的文字，效果如图 6-10 所示。

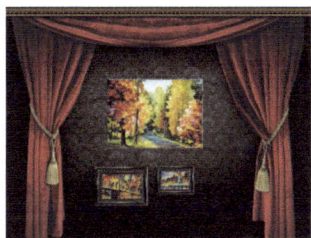
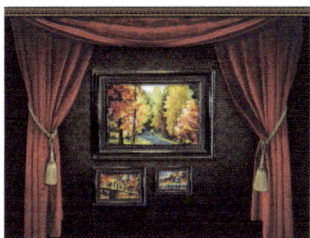
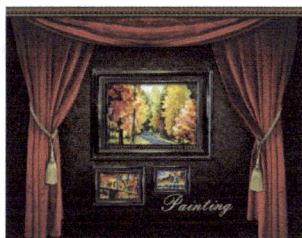

图 6-8　　　　　　　　　　　图 6-9　　　　　　　　　　　图 6-10

（7）按 Ctrl+T 组合键，文字周围出现变换框，将鼠标指针放在变换框控制手柄的外侧，指针变为 形状，拖曳鼠标将文字旋转到适当的角度，按 Enter 键确认操作，效果如图 6-11 所示。

（8）选择注释工具 ，在图像窗口中单击，弹出 "注释" 控制面板，在面板中输入文字，如图 6-12 所示。展示油画制作完成，效果如图 6-13 所示。

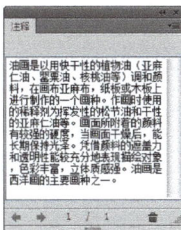

图 6-11　　　　　　　　　　　图 6-12　　　　　　　　　　　图 6-13

6.1.2　注释工具

注释工具可以为图像添加文字注释。

选择注释工具 ，或反复按 Shift+I 组合键，其属性栏如图 6-14 所示。

图 6-14

作者：用于输入作者姓名。颜色：用于设置注释窗口的颜色。清除全部：用于清除所有注释。显示或隐藏"注释"控制面板 ：用于打开"注释"控制面板，编辑注释文字，或将"注释"控制面板隐藏。

6.1.3　标尺工具

标尺工具可以在图像中测量任意两点之间的距离，并可以用来测量角度。

选择标尺工具 ，或反复按 Shift+I 组合键，其属性栏如图 6-15 所示。

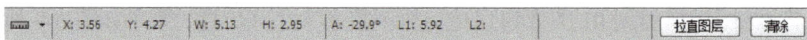

图 6-15

6.2　图像的移动、复制和删除

在 Photoshop CS6 中，可以非常便捷地移动、复制和删除图像。

功能介绍

图像的移动：可以应用移动工具将图层中的整幅图像或选定区域中的图像移动到指定位置。

图像的复制：可以应用菜单命令或快捷键将需要的图像复制出一个或多个。

图像的删除：可以应用菜单命令或快捷键将不需要的图像删除。

6.2.1　课堂案例——制作科技宣传卡

【案例学习目标】学习使用移动工具移动、复制图像。

【案例知识要点】使用移动工具和复制命令制作装饰图形，使用橡皮擦工具擦除不需要的图像，最终效果如图 6-16 所示。

【效果所在位置】Ch06\效果\制作科技宣传卡.psd。

图 6-16

（1）按 Ctrl + O 组合键，打开本书学习资源中的"Ch06 \ 素材 \ 制作科技宣传卡 \ 01"文件，如

图 6-17 所示。

（2）新建图层，生成"图层 1"。将前景色设为白色。选择圆角矩形工具 ▣，在属性栏的"选择工具模式"选项中选择"像素"，将"半径"选项设为 20px，在图像窗口中绘制圆角矩形，如图 6-18 所示。

图 6-17

图 6-18

（3）按 Ctrl+Alt+T 组合键，图形周围出现变换框，水平向右拖曳图像到适当的位置，按 Enter 键复制图形，效果如图 6-19 所示。再按 6 次 Ctrl+Alt+Shift+T 组合键，复制 6 个图像，效果如图 6-20 所示。

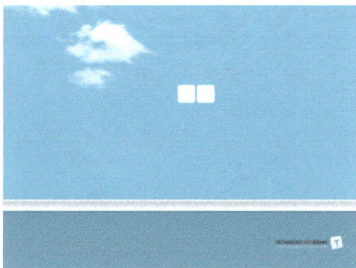

图 6-19

图 6-20

（4）选中"图层 1 副本"图层，按住 Shift 键的同时，单击"图层 1 副本 6"图层，将两个图层间的所有图层同时选取。选择移动工具 ⊹，按住 Alt 键的同时，在图像窗口中垂直向下拖曳鼠标复制图形，效果如图 6-21 所示。用相同的方法选中"图层 副本 2"到"图层 副本 5"之间的所有图层，复制图形，效果如图 6-22 所示。

图 6-21

图 6-22

（5）选中"图层 1"图层，按住 Shift 键的同时，单击"图层 1 副本 7"图层，将两个图层间的所有图层同时选取，如图 6-23 所示。按 Ctrl+E 组合键，合并图层并将其命名为"色块"。在"图层"控制面板中，将"色块"图层的"不透明度"选项设为 47%，如图 6-24 所示，图像效果如图 6-25 所示。

图 6-23

图 6-24

图 6-25

（6）单击"图层"控制面板下方的"添加图层样式"按钮 _fx_，在弹出的菜单中选择"投影"命令，弹出对话框，将投影颜色设为白色，其他选项的设置如图 6-26 所示。单击"确定"按钮，效果如图 6-27 所示。

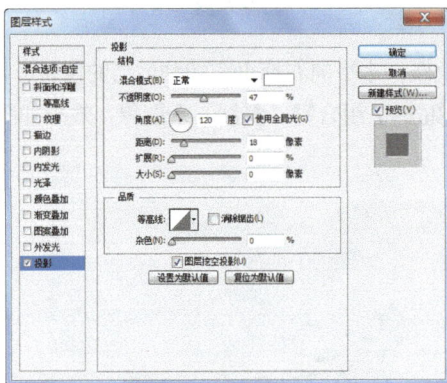
图 6-26

图 6-27

（7）按 Ctrl + O 组合键，打开本书学习资源中的"Ch06 \ 素材 \ 制作科技宣传卡 \ 02、03"文件。选择移动工具，分别将图片拖曳到图像窗口中适当的位置，如图 6-28 所示。此时，"图层"控制面板中会生成新的图层，将其分别命名为"楼""盒子"。

（8）将前景色设为黑色。选择横排文字工具 T，在图像窗口中适当的位置分别输入需要的文字，然后选取文字，在属性栏中选择合适的字体并设置文字大小，如图 6-29 所示。

图 6-28

图 6-29

（9）选择横排文字工具 T，选取"Technology…"文字图层，选择"窗口 > 字符"命令，弹出"字符"面板，选项的设置如图 6-30 所示，效果如图 6-31 所示。

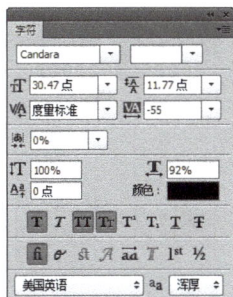

图 6-30　　　　　　　　　　　　　　　　图 6-31

（10）选择横排文字工具 T ，分别选取需要的文字，设置文字填充色为白色和红色（其 R、G、B 的值分别为 207、54、40），文字效果如图 6-32 所示。科技宣传卡制作完成，效果如图 6-33 所示。

图 6-32　　　　　　　　　　　　　　　图 6-33

6.2.2　图像的移动

1. 在同一文件中移动图像

原始图像如图 6-34 所示。选择移动工具 ，在属性栏中勾选"自动选择"复选框，并将"自动选择"选项设为"图层"，如图 6-35 所示。选中杯子图像，将其拖曳到左下方，效果如图 6-36 所示。

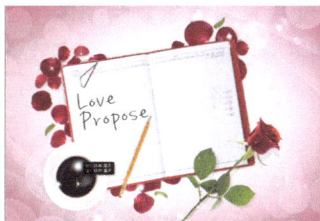

图 6-34　　　　　　　　　　　　图 6-35　　　　　　　　　　图 6-36

2. 在不同文件中移动图像

打开一幅图片，将其中的 MP3 图像拖曳到需要编辑的图像中，鼠标指针变为 形状，如图 6-37 所示，释放鼠标，MP3 图像被移动到需要编辑的图像中，效果如图 6-38 所示。

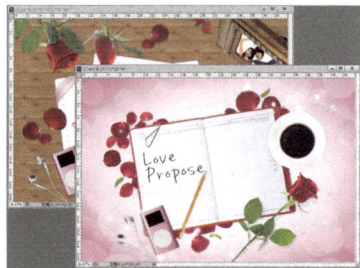

图 6-37   图 6-38

6.2.3　图像的复制

要想在操作过程中随时按需要复制图像，就必须掌握复制图像的方法。在复制图像前，要选择将复制的图像区域，如果不选择图像区域，将不能复制图像。

1. 使用移动工具复制图像

使用椭圆选框工具 选中要复制的图像区域，如图 6-39 所示。选择移动工具 ，将鼠标指针放在选区中，鼠标指针变为 形状，如图 6-40 所示，按住 Alt 键，鼠标指针变为 形状，如图 6-41 所示，按住鼠标左键不放，将选区中的图像拖曳到适当的位置，释放鼠标和 Alt 键，图像复制完成，效果如图 6-42 所示。

图 6-39   图 6-40   图 6-41   图 6-42

2. 使用菜单命令复制图像

使用椭圆选框工具 选中要复制的图像区域，如图 6-43 所示，选择"编辑 > 拷贝"命令或按 Ctrl+C 组合键，将选区中的图像复制，这时屏幕上的图像并没有变化，但系统已将拷贝的图像复制到剪贴板中。

选择"编辑 > 粘贴"命令或按 Ctrl+V 组合键，将剪贴板中的图像粘贴到图像的新图层中，复制的图像在原图的上方，如图 6-44 所示，使用移动工具 可以移动复制的图像，效果如图 6-45 所示。

图 6-43   图 6-44   图 6-45

3．使用快捷键复制图像

使用椭圆选框工具○选中要复制的图像区域，如图 6-46 所示，按住 Ctrl+Alt 组合键，鼠标指针变为 ▶ 形状，如图 6-47 所示，按住鼠标左键不放，将选区中的图像拖曳到适当的位置，释放鼠标，图像复制完成，效果如图 6-48 所示。

　　　图 6-46　　　　　　　　　图 6-47　　　　　　　　　图 6-48

6.2.4　图像的删除

在删除图像前，需要选择要删除的图像区域，如果不选择图像区域，将不能删除图像。

1．使用菜单命令删除图像

在需要删除的图像上绘制选区，如图 6-49 所示。选择"编辑 > 清除"命令，将选区中的图像删除。按 Ctrl+D 组合键，取消选区，效果如图 6-50 所示。

　　　图 6-49　　　　　　　　　图 6-50

> **提示**　删除后的图像区域由背景色填充。如果是在某一图层中，删除后的图像区域将显示下面一层的图像。

2．使用快捷键删除图像

在需要删除的图像上绘制选区，按 Delete 键或 Backspace 键，可以将选区中的图像删除。按 Alt+Delete 组合键或 Alt+Backspace 组合键，也可将选区中的图像删除，删除后的图像区域由前景色填充。

6.3　图像的裁切和变换

通过对图像进行裁切和变换，可以设计制作出丰富多变的图像效果。

功能介绍

图像的变换：应用变换命令中的多种变换方式，可以对图像进行多种变换。

6.3.1　课堂案例——制作产品手提袋

【案例学习目标】学习使用变换命令、渐变工具和图层控制面板制作出需要的效果。

【案例知识要点】使用渐变工具和图层蒙版制作图片渐隐效果，使用变换命令制作图片变形效果，使用图层样式添加特殊效果，最终效果如图 6-51 所示。

【效果所在位置】Ch06\效果\制作产品手提袋.psd。

图 6-51

（1）按 Ctrl + N 组合键，新建一个文件，宽度为 27.7 厘米，高度为 24.8 厘米，分辨率为 300 像素/英寸，颜色模式为 RGB，背景内容为白色。

（2）选择渐变工具 ，单击属性栏中的"点按可编辑渐变"按钮 ，弹出"渐变编辑器"对话框，将渐变色设为从灰色（其 R、G、B 的值分别为 174、175、177）到浅灰色（其 R、G、B 的值分别为 212、216、217），如图 6-52 所示，单击"确定"按钮。选中属性栏中的"线性渐变"按钮 ，在图像窗口中由上向下拖曳鼠标填充渐变色，效果如图 6-53 所示。

图 6-52

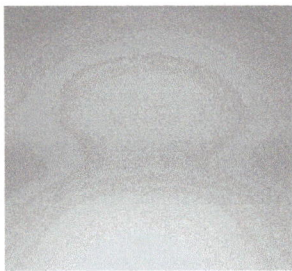

图 6-53

（3）按 Ctrl + O 组合键，打开本书学习资源中的"Ch06 \ 素材 \ 制作产品手提袋 \ 01"文件。选择移动工具 ，将图片拖曳到图像窗口中适当的位置，效果如图 6-54 所示。此时，"图层"控制面板中会生成新的图层，将其命名为"正面"。

（4）按 Ctrl+T 组合键，图像周围出现变换框，按住 Alt+Shift 组合键的同时，等比例放大图像，再按住 Ctrl 键，向外拖曳变换框右侧的两个控制手柄到适当的位置，按 Enter 键确认操作，效果如图 6-55 所示。

图 6-54   图 6-55

（5）单击"图层"控制面板下方的"创建新图层"按钮 ▣ ，生成新的图层并将其命名为"侧面"。将前景色设为枚红色（其 R、G、B 的值分别为 211、76、106）。选择矩形选框工具 ▥ ，在图像窗口中适当的位置绘制一个矩形选区。按 Alt+Delete 组合键，用前景色填充选区。按 Ctrl+D 组合键，取消选区，效果如图 6-56 所示。

（6）按 Ctrl+T 组合键，图像周围出现变换框，在变换框中单击鼠标右键，在弹出的菜单中选择"扭曲"命令，拖曳控制手柄到适当的位置，按 Enter 键确认操作，效果如图 6-57 所示。

图 6-56   图 6-57

（7）新建图层并将其命名为"暗部"。将前景色设为黑色。选择钢笔工具 ▱ ，在属性栏的"选择工具模式"选项中选择"路径"，在图像窗口中绘制一个路径，如图 6-58 所示。按 Ctrl+Enter 组合键，将路径转换为选区。按 Alt+Delete 组合键，用前景色填充选区。取消选区后，效果如图 6-59 所示。

图 6-58   图 6-59

（8）在"图层"控制面板中，将"暗部"图层的"不透明度"选项设为 10%，如图 6-60 所示，图像效果如图 6-61 所示。

图 6-60　　　　　　　　　　　图 6-61

（9）将"正面"图层拖曳到"图层"控制面板下方的"创建新图层"按钮  上进行复制，生成新的副本图层，将副本图层拖曳到"正面"图层的下方并将其命名为"正面 倒影"。按 Ctrl+T 组合键，图像周围出现变换框，在变换框中单击鼠标右键，在弹出的菜单中选择"垂直翻转"命令，翻转复制的图像，并将其拖曳到适当的位置。按住 Ctrl 键，调整左上角的控制手柄到适当的位置，按 Enter 键确认操作，效果如图 6-62 所示。单击"图层"控制面板下方的"添加图层蒙版"按钮，为"正面 倒影"图层添加蒙版，如图 6-63 所示。

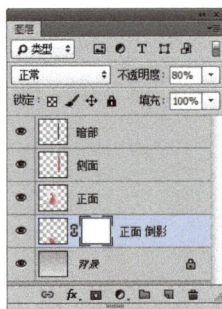

图 6-62　　　　　　　　　　　图 6-63

（10）选择渐变工具，单击属性栏中的"点按可编辑渐变"按钮，将渐变色设为从白色到黑色，在复制的图像上由上至下拖曳鼠标填充渐变色，效果如图 6-64 所示。用相同的方法复制"侧面"图形，调整其形状和位置，并为其添加蒙版制作投影效果，如图 6-65 所示。

图 6-64　　　　　　　　　　　图 6-65

（11）新建图层并将其命名为"桌面阴影左"。选择钢笔工具，在图像窗口中适当的位置绘制一个路径，如图 6-66 所示。按 Ctrl+Enter 组合键，将路径转换为选区。按 Alt+Delete 组合键，用前景色填充选区。取消选区后，效果如图 6-67 所示。

图 6-66　　　　　　　　　　　图 6-67

（12）选择"滤镜 > 模糊 > 高斯模糊"命令，在弹出的"高斯模糊"对话框中进行设置，如图 6-68 所示，单击"确定"按钮，效果如图 6-69 所示。

图 6-68　　　　　　　　　　　图 6-69

（13）单击"图层"控制面板下方的"添加图层蒙版"按钮，为"桌面阴影左"图层添加蒙版，如图 6-70 所示。选择渐变工具，在图像上由上至下拖曳鼠标填充渐变色，效果如图 6-71 所示。在"图层"控制面板中，将"桌面阴影左"图层的"不透明度"选项设为 20%，如图 6-72 所示，图像效果如图 6-73 所示。

图 6-70　　　　　　图 6-71　　　　　　图 6-72　　　　　　图 6-73

（14）新建图层并将其命名为"桌面阴影右"。选择钢笔工具，在图像窗口中绘制路径，如图 6-74 所示。按 Ctrl+Enter 组合键，将路径转换为选区。按 Alt+Delete 组合键，用前景色填充选区。取消选区后，效果如图 6-75 所示。

（15）选择"滤镜 > 模糊 > 高斯模糊"命令，在弹出的"高斯模糊"对话框中进行设置，如图 6-76 所示，单击"确定"按钮，效果如图 6-77 所示。

图 6-74

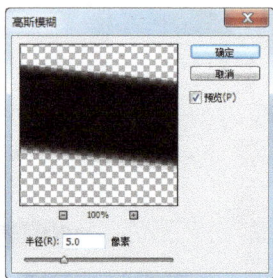

| 图 6-75 | 图 6-76 | 图 6-77 |

（16）单击"图层"控制面板下方的"添加图层蒙版"按钮 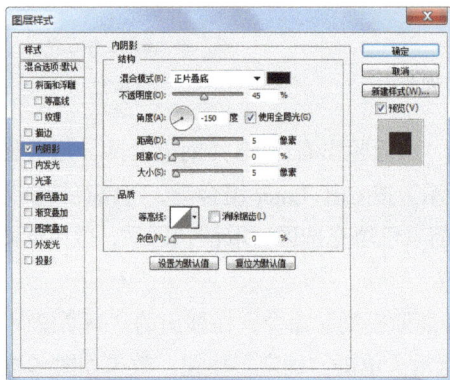，为"桌面阴影右"图层添加蒙版，如图 6-78 所示。选择渐变工具 ，在图像上由上至下拖曳鼠标填充渐变色，效果如图 6-79 所示。在"图层"控制面板中，将"桌面阴影右"图层的"不透明度"选项设为 30%，如图 6-80 所示，图像效果如图 6-81 所示。

| 图 6-78 | 图 6-79 | 图 6-80 | 图 6-81 |

（17）新建图层并将其命名为"带子"。将前景色设为粉色（其 R、G、B 的值分别为 239、225、223）。选择钢笔工具 ，在图像窗口中绘制路径，如图 6-82 所示。按 Ctrl+Enter 组合键，将路径转换为选区。按 Alt+Delete 组合键，用前景色填充选区。取消选区后，效果如图 6-83 所示。

图 6-82

（18）单击"图层"控制面板下方的"添加图层样式"按钮 fx. ，在弹出的菜单中选择"内阴影"命令，在弹出的对话框中进行设置，如图 6-84 所示，单击"确定"按钮，效果如图 6-85 所示。

图 6-83

图 6-84

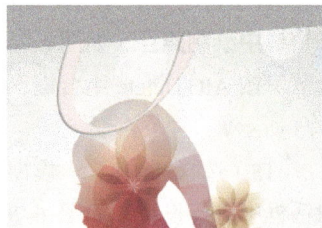

图 6-85

（19）将"带子"图层拖曳到"图层"控制面板下方的"创建新图层"按钮上进行复制，生成新的副本图层，将副本图层命名为"带子阴影"并拖曳到"带子"图层的下方。按 Ctrl+T 组合键，图像周围出现变换框，调整下方的控制手柄到适当的位置，按 Enter 键确认操作，效果如图 6-86 所示。

（20）将前景色设为黑色。选择"选择 > 载入选区"命令，载入"带子 阴影"选区，如图 6-87所示。按 Alt+Delete 组合键，用前景色填充选区。取消选区后，效果如图 6-88 所示。

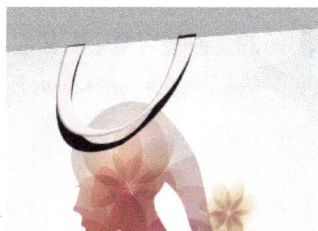

图 6-86　　　　　　　　　　　　图 6-87　　　　　　　　　　　　图 6-88

（21）选择"滤镜 > 模糊 > 高斯模糊"命令，在弹出的"高斯模糊"对话框中进行设置，如图6-89 所示，单击"确定"按钮。选择橡皮擦工具，在属性栏中将"不透明度"设置为 50%，在图像中擦除不需要的部分，效果如图 6-90 所示。产品手提袋制作完成，效果如图 6-91 所示。

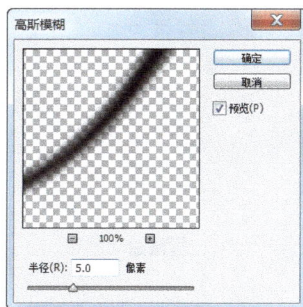

图 6-89　　　　　　　　　　　　图 6-90　　　　　　　　　　　　图 6-91

6.3.2　图像的裁切

如果图像中含有大面积的纯色区域或透明区域，可以应用裁切命令进行操作。

原始图像效果如图 6-92 所示。选择"图像 > 裁切"命令，弹出"裁切"对话框，设置如图 6-93所示，单击"确定"按钮，效果如图 6-94 所示。

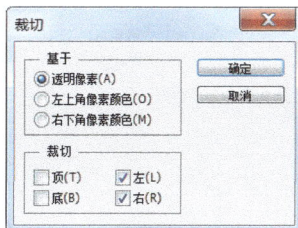

图 6-92　　　　　　　　　　　　图 6-93　　　　　　　　　　　　图 6-94

透明像素：如果当前图像的多余区域是透明的，则选择此选项。左上角像素颜色：根据图像左上角的像素颜色来确定裁切的颜色范围。右下角像素颜色：根据图像右下角的像素颜色来确定裁切的颜色范围。裁切：用于设置裁切的区域范围。

6.3.3　图像的变换

图像的变换将对整个图像起作用。选择"图像 > 图像旋转"命令，其下拉菜单如图 6-95 所示。图像变换的多种效果如图 6-96 所示。

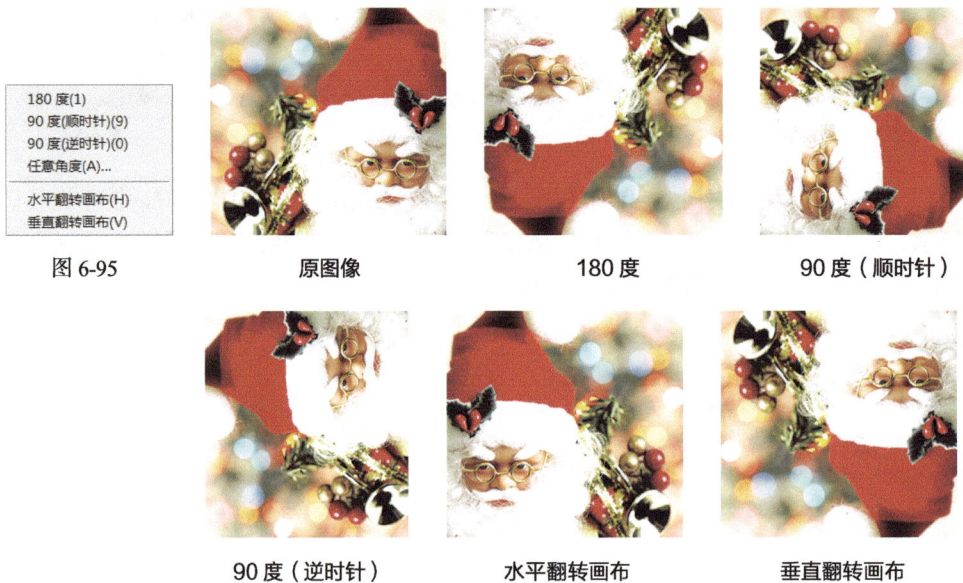

图 6-95　　　　　　原图像　　　　　　180 度　　　　　　90 度（顺时针）

90 度（逆时针）　　　　水平翻转画布　　　　垂直翻转画布

图 6-96

选择"任意角度"命令，弹出"旋转画布"对话框，设置如图 6-97 所示，单击"确定"按钮，图像被旋转，效果如图 6-98 所示。

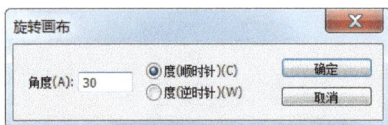

图 6-97　　　　　　　　　　　图 6-98

6.3.4　图像选区的变换

在操作过程中可以根据设计和制作需要变换已经绘制好的选区。

1．使用菜单命令变换图像的选区

在图像中绘制选区后，选择"编辑"菜单中的"自由变换"命令或"变换"命令，可以对图像的选区进行各种变换。"变换"命令的下拉菜单如图 6-99 所示。

在图像中绘制选区，如图 6-100 所示。选择"缩放"命令，拖曳控制手柄，可以对图像选区进行自由缩放，如图 6-101 所示。选择"旋转"命令，旋转控制手柄，可以对图像选区进行自由旋转，如图 6-102 所示。

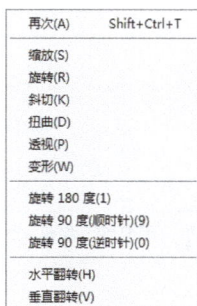

图 6-99　　　　　　　　图 6-100　　　　　　　　图 6-101　　　　　　　　图 6-102

选择"斜切"命令，拖曳控制手柄，可以对图像选区进行斜切调整，如图 6-103 所示。选择"扭曲"命令，拖曳控制手柄，可以对图像选区进行扭曲调整，如图 6-104 所示。选择"透视"命令，拖曳控制手柄，可以对图像选区进行透视调整，如图 6-105 所示。

图 6-103　　　　　　　　　图 6-104　　　　　　　　　图 6-105

选择"旋转 180 度"命令，可以将图像选区旋转 180°，如图 6-106 所示。选择"旋转 90 度（顺时针）"命令，可以将图像选区顺时针旋转 90°，如图 6-107 所示。选择"旋转 90 度（逆时针）"命令，可以将图像选区逆时针旋转 90°，如图 6-108 所示。

图 6-106　　　　　　　　　图 6-107　　　　　　　　　图 6-108

选择"水平翻转"命令，可以将图像选区水平翻转，如图 6-109 所示。选择"垂直翻转"命令，可以将图像选区垂直翻转，如图 6-110 所示。

图 6-109   图 6-110

2．使用快捷键变换图像的选区

在图像中绘制选区，按 Ctrl+T 组合键，选区周围出现控制手柄，拖曳控制手柄，可以对图像选区进行自由缩放。按住 Shift 键的同时，拖曳控制手柄，可以等比例缩放图像选区。

如果在变换后仍要保留原图像的内容，可以按 Ctrl+Alt+T 组合键，选区周围出现控制手柄，向选区外拖曳选区中的图像，会复制出新的图像，原图像的内容将被保留，效果如图 6-111 所示。

按 Ctrl+T 组合键，选区周围出现控制手柄，将鼠标指针放在控制手柄外边，鼠标指针变为↰形状，旋转控制手柄可以将图像旋转，效果如图 6-112 所示。如果旋转之前改变旋转中心的位置，旋转图像的效果将随之改变，如图 6-113 所示。

图 6-111   图 6-112   图 6-113

按住 Ctrl 键的同时，任意拖曳变换框的 4 个控制手柄，可以使图像任意变形，效果如图 6-114 所示。按住 Alt 键的同时，任意拖曳变换框的 4 个控制手柄，可以使图像对称变形，效果如图 6-115 所示。

图 6-114   图 6-115

按住 Ctrl+Shift 组合键，拖曳变换框中间的控制手柄，可以使图像斜切变形，效果如图 6-116 所示。

按住 Ctrl+Shift+Alt 组合键，任意拖曳变换框的 4 个控制手柄，可以使图像透视变形，效果如图 6-117 所示。按住 Shift+Ctrl+T 组合键，可以再次应用上一次使用过的变换命令。

图 6-116 　　　　　　　　　 图 6-117

课堂练习——制作学习生活照片

【练习知识要点】使用注释工具为照片添加注释，最终效果如图 6-118 所示。

【效果所在位置】Ch06\效果\制作学习生活照片.psd。

图 6-118

课后习题——制作邀请函效果图

【习题知识要点】使用变换和光照效果命令制作邀请函，使用钢笔工具和羽化命令绘制投影，最终效果如图 6-119 所示。

【效果所在位置】Ch06\效果\制作邀请函效果图.psd。

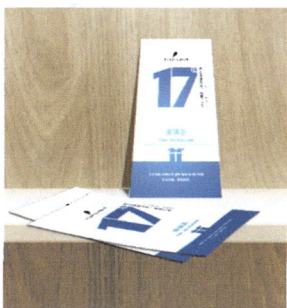

图 6-119

第 **7** 章 绘制和编辑图形及路径

本章介绍

本章主要介绍图形的绘制方法与技巧，以及路径的绘制与编辑方法。通过对本章的学习，读者可以快速地绘制出所需的图形及路径，并对路径进行编辑。

学习目标

- 熟练掌握矩形工具、圆角矩形工具、椭圆工具、多边形工具等的使用方法。
- 熟练掌握钢笔工具、自由钢笔工具、添加和删除锚点工具、转换点工具的使用方法。
- 熟练掌握新建、复制、删除、重命名路径的方法。
- 熟练掌握填充路径和描边路径的方法。

技能目标

- 掌握"艺术插画"的绘制方法。
- 掌握"咖啡店宣传卡"的制作方法。
- 掌握"食物宣传卡"的制作方法。

7.1　绘制图形

绘图工具极大地加强了 Photoshop CS6 绘制图像的功能，为以后工作中绘制出丰富多样的图形打下基础。

功能介绍

矩形工具：用于绘制矩形或正方形。

圆角矩形工具：用于绘制具有平滑边缘的矩形。

椭圆工具：用于绘制椭圆或正圆形。

直线工具：用于绘制直线或带有箭头的线段。

自定形状工具：用于绘制自定义的图形。

7.1.1　课堂案例——绘制艺术插画

【案例学习目标】学习使用各种不同的绘图工具绘制图形，并使用移动和复制命令调整图像的位置。

【案例知识要点】使用绘图工具绘制插画背景效果，使用圆角矩形工具、自定形状工具和创建剪贴蒙版命令制作装饰图形，使用横排文字工具添加文字，最终效果如图 7-1 所示。

【效果所在位置】Ch07\效果\绘制艺术插画.psd。

图 7-1

1．绘制背景图形

（1）按 Ctrl+N 组合键，新建一个文件，宽度为 21 厘米，高度为 20 厘米，分辨率为 300 像素/英寸，背景内容为白色。将前景色设为苹果色（其 R、G、B 的值分别为 203、232、165）。按 Alt+Delete 组合键，用前景色填充"背景"图层，效果如图 7-2 所示。

（2）新建图层并将其命名为"圆圈"。将前景色设为白色。选择椭圆工具，在属性栏的"选择工具模式"选项中选择"像素"，在图像窗口中拖曳鼠标绘制多个圆形，效果如图 7-3 所示。

（3）在"图层"控制面板中，将"圆圈"图层的"不透明度"选项

图 7-2

设为 30%，如图 7-4 所示，按 Enter 键确认操作，效果如图 7-5 所示。

图 7-3   图 7-4   图 7-5

2．添加任务并绘制装饰图形

（1）按 Ctrl+O 组合键，打开本书学习资源中的"Ch07 \ 素材 \ 绘制艺术插画 \ 01"文件，选择移动工具 ，将素材图片拖曳到图像窗口中适当的位置，效果如图 7-6 所示。此时，"图层"控制面板中会生成新的图层，将其命名为"人物"。

（2）新建图层并将其命名为"圆角矩形"。将前景色设为白色。选择圆角矩形工具 ，在属性栏的"选择工具模式"选项中选择"像素"，将"半径"选项设为 50 像素，在图像窗口中拖曳鼠标绘制一个圆角矩形，效果如图 7-7 所示。用相同的方法再绘制两个圆角矩形，效果如图 7-8 所示。

图 7-6   图 7-7   图 7-8

（3）在"图层"控制面板中，将"圆角矩形"图层的"不透明度"选项设为 85%，如图 7-9 所示，按 Enter 键确认操作，效果如图 7-10 所示。

图 7-9   图 7-10

（4）单击"图层"控制面板下方的"添加图层样式"按钮 ，在弹出的菜单中选择"投影"命令，弹出对话框，将投影颜色设为绿色（其 R、G、B 的值分别为 93、152、94），其他选项的设置如

图 7-11 所示，单击"确定"按钮，效果如图 7-12 所示。

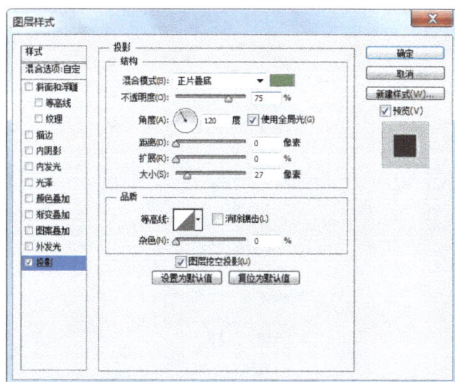 

图 7-11　　　　　　　　　　　　　　　图 7-12

（5）新建图层并将其命名为"叶子"。将前景色设为紫灰色（其 R、G、B 的值分别为 182、167、208）。选择自定形状工具 ，单击属性栏中的"形状"选项，弹出"形状"面板，单击右上方的 按钮，在弹出的菜单中选择"装饰"选项，弹出提示对话框，单击"追加"按钮。在面板中选择需要的图形，如图 7-13 所示。在属性栏的"选择工具模式"选项中选择"像素"，在图像窗口中拖曳鼠标绘制图形，效果如图 7-14 所示。

图 7-13　　　　　　　　　　　　　　　图 7-14

（6）按 Ctrl+T 组合键，图像周围出现变换框，向下拖曳上方中间的控制手柄，调整图像的大小，按 Enter 键确认操作，效果如图 7-15 所示。按 Ctrl+T 组合键，图像周围出现变换框，在变换框中单击鼠标右键，在弹出的菜单中选择"旋转 90 度（顺时针）"命令，将图像顺时针旋转 90°，按 Enter 键确认操作，效果如图 7-16 所示。

图 7-15　　　　　　　　　　　　　　　图 7-16

（7）按住 Alt 键的同时，将鼠标指针放在"叶子"图层和"圆角矩形"图层的中间，鼠标指针变

为 ↓□ 形状，如图 7-17 所示，单击创建剪切蒙版，效果如图 7-18 所示。

图 7-17　　　　　　　　　　图 7-18

（8）新建图层并将其命名为"邮票形状"。将前景色设为白色。选择自定形状工具 ，单击属性栏中的"形状"选项，弹出"形状"面板，单击右上方的 按钮，在弹出的菜单中选择"物体"选项，弹出提示对话框，单击"追加"按钮。在面板中选择需要的图形，如图 7-19 所示，在图像窗口中拖曳鼠标绘制图形，效果如图 7-20 所示。

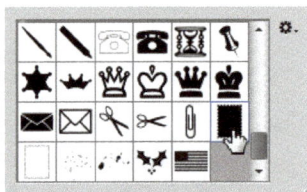

图 7-19　　　　　　　　　　图 7-20

（9）在"图层"控制面板中，将"邮票形状"图层的"不透明度"选项设为 85%，如图 7-21 所示，按 Enter 键确认操作，效果如图 7-22 所示。

图 7-21　　　　　　　　　　图 7-22

（10）将前景色设为暗绿色（其 R、G、B 的值分别为 70、97、80）。选择横排文字工具 ，分别输入需要的文字并选取文字，在属性栏中选择合适的字体并设置文字大小，效果如图 7-23 所示。此时，"图层"控制面板中分别生成新的文字图层。将两个文字图层同时选取，按 Ctrl+T 组合键，弹出"字符"面板，选项的设置如图 7-24 所示，效果如图 7-25 所示。

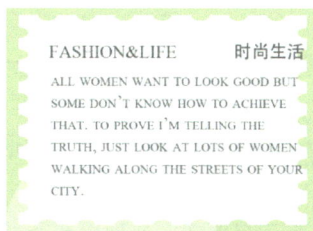
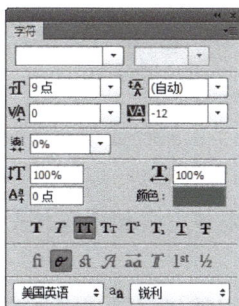

图 7-23　　　　　　　　　　　图 7-24　　　　　　　　　　　图 7-25

（11）新建图层并将其命名为"横线"。将前景色设为暗绿色（其 R、G、B 的值分别为 70、97、80）。选择直线工具 ⁄，在属性栏的"选择工具模式"选项中选择"像素"，将"粗细"选项设为 3 像素，按住 Shift 键的同时，在图像窗口中适当的位置绘制横线，如图 7-26 所示。

（12）新建图层并将其命名为"底白"。将前景色设为白色。选择矩形工具 ■，在属性栏的"选择工具模式"选项中选择"像素"，在图像窗口的下方绘制矩形，如图 7-27 所示。

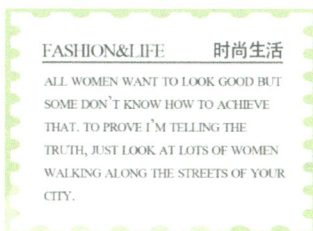

图 7-26　　　　　　　　　　　　　　　图 7-27

（13）将前景色设为黑色。选择横排文字工具 T，分别输入需要的文字并选取文字，在属性栏中选择合适的字体并设置文字大小，效果如图 7-28 所示。此时，"图层"控制面板中分别生成新的文字图层。将两个文字图层同时选取，"字符"面板中选项的设置如图 7-29 所示，效果如图 7-30 所示。艺术插画绘制完成。

图 7-28　　　　　　　　　　　图 7-29　　　　　　　　　　　图 7-30

7.1.2　矩形工具

选择矩形工具 ■，或反复按 Shift+U 组合键，其属性栏如图 7-31 所示。

图 7-31

形状 ：用于选择创建路径形状、工作路径或填充区域。填充： 描边： 3点 ：用于设置矩形的填充色、描边色、描边宽度和描边类型。W: 　 H: 　 ：用于设置矩形的宽度和高度。：用于设置路径的组合方式、对齐方式和排列方式。：用于设定所绘制矩形的形状。对齐边缘：用于设定边缘的对齐。

原始图像如图 7-32 所示。选择矩形工具，在属性栏的"选择工具模式"选项中选择"形状"，在图像窗口中绘制矩形，如图 7-33 所示，"图层"控制面板如图 7-34 所示。

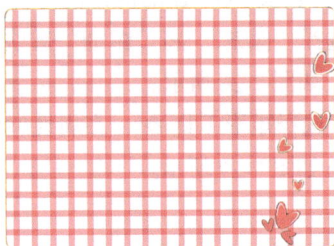

图 7-32

图 7-33

图 7-34

7.1.3　圆角矩形工具

选择圆角矩形工具，或反复按 Shift+U 组合键，其属性栏如图 7-35 所示。圆角矩形工具属性栏中的选项与"矩形"工具属性栏中的选项类似，只增加了"半径"选项，用于设定圆角矩形的平滑程度，数值越大越平滑。

图 7-35

原始图像如图 7-36 所示。选择圆角矩形工具，在属性栏的"选择工具模式"选项中选择"形状"，将"半径"选项设为 40 像素，在图像窗口中绘制圆角矩形，效果如图 7-37 所示。

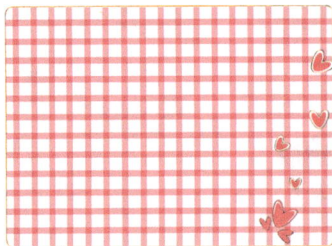

图 7-36

图 7-37

7.1.4　椭圆工具

选择椭圆工具，或反复按 Shift+U 组合键，其属性栏如图 7-38 所示。

图 7-38

原始图像如图 7-39 所示。选择椭圆工具 ，在属性栏的"选择工具模式"选项中选择"形状"，在图像窗口中绘制椭圆形，如图 7-40 所示，"图层"控制面板如图 7-41 所示。

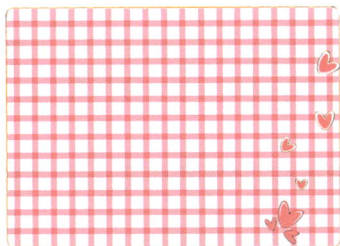
图 7-39

图 7-40

图 7-41

7.1.5　多边形工具

选择多边形工具 ，或反复按 Shift+U 组合键，其属性栏如图 7-42 所示。多边形工具属性栏中的选项与矩形工具属性栏中的选项类似，只增加了"边"选项，用于设定多边形的边数。

图 7-42

原始图像如图 7-43 所示。选择多边形工具 ，单击属性栏中的 按钮，在弹出的面板中进行设置，如图 7-44 所示，在图像窗口中绘制多边形，如图 7-45 所示，"图层"控制面板如图 7-46 所示。

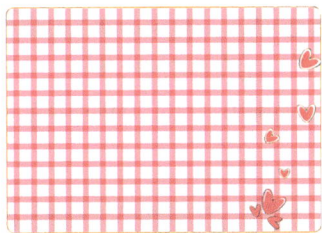

图 7-43

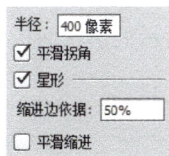

图 7-44

图 7-45

图 7-46

7.1.6　直线工具

选择直线工具 ，或反复按 Shift+U 组合键，其属性栏如图 7-47 所示。直线工具属性栏中的选项与矩形工具属性栏中的选项类似，只增加了"粗细"选项，用于设定直线的宽度。单击属性栏中的 按钮，弹出"箭头"面板，如图 7-48 所示。

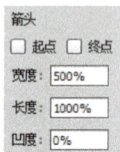

图 7-47 图 7-48

起点：勾选该选项，可在直线的起点添加箭头。终点：勾选该选项，可在直线的终点添加箭头。宽度：用于设定箭头宽度和直线宽度的百分比。长度：用于设定箭头长度和直线长度的百分比。凹度：用于设定箭头的凹陷程度。

原始图像如图 7-49 所示。选择直线工具，在图像窗口中绘制不同效果的直线，如图 7-50 所示，"图层"控制面板如图 7-51 所示。

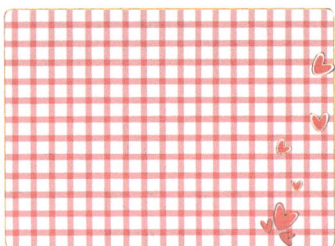
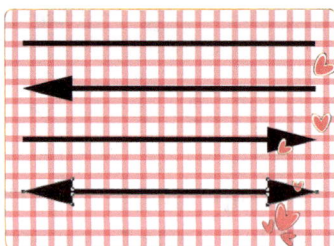

图 7-49 图 7-50 图 7-51

技巧 应用直线工具绘制图形时，按住 Shift 键，可以绘制水平或垂直的直线。

7.1.7 自定形状工具

选择自定形状工具，或反复按 Shift+U 组合键，其属性栏如图 7-52 所示。自定形状工具属性栏中的选项与矩形工具属性栏中的选项类似，只增加了"形状"选项，用于选择所需的形状。

单击"形状"选项右侧的按钮，弹出如图 7-53 所示的形状面板，该面板中存储了可供选择的各种形状。

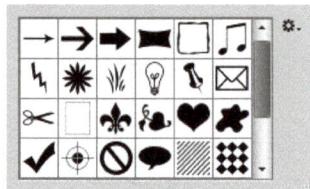

图 7-52 图 7-53

原始图像如图 7-54 所示。选择自定形状工具，在图像窗口中绘制图形，如图 7-55 所示，"图层"控制面板如图 7-56 所示。

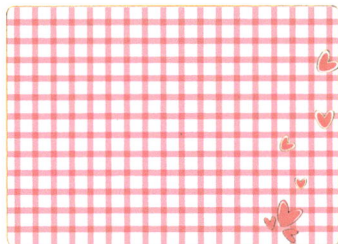

图 7-54   图 7-55   图 7-56

使用钢笔工具 在图像窗口中绘制路径并填充路径，如图 7-57 所示。选择"编辑 > 定义自定形状"命令，弹出"形状名称"对话框，在"名称"文本框中输入自定形状的名称，如图 7-58 所示，单击"确定"按钮，形状面板中将会显示刚才定义的形状，如图 7-59 所示。

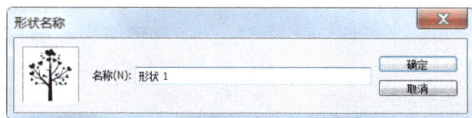
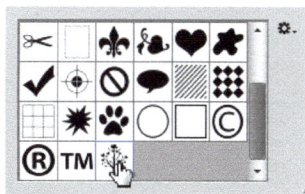

图 7-57   图 7-58   图 7-59

7.2 绘制和编辑路径

使用路径可以选取复杂的图像，也可以存储选取的区域以备再次使用，还可以绘制线条平滑的优美图形。

功能介绍

钢笔工具：用于绘制路径。

添加锚点工具：用于在路径上添加新的锚点。

转换点工具：使用转换点工具单击或拖曳锚点可将其转换成直线锚点或曲线锚点，拖曳锚点上的调节手柄可以改变线条的弧度。

7.2.1 课堂案例——制作咖啡店宣传卡

【案例学习目标】学习使用不同的绘制工具绘制并调整路径。

【案例知识要点】使用钢笔工具、添加锚点工具和转换点工具绘制路径，使用图层样式为图像添加特殊效果，最终效果如图 7-60 所示。

【效果所在位置】Ch07\效果\制作咖啡店宣传卡.psd。

图 7-60

1. 编辑图片并添加边框

（1）按 Ctrl + O 组合键，打开本书学习资源中的"Ch07 \ 素材 \ 制作咖啡店宣传卡 \ 01"文件，如图 7-61 所示。将"背景"图层拖曳到"图层"控制面板下方的"创建新图层"按钮 上进行复制，生成新的副本图层，如图 7-62 所示。

图 7-61

图 7-62

（2）选择"滤镜 > 模糊 > 高斯模糊"命令，在弹出的对话框中进行设置，如图 7-63 所示，单击"确定"按钮，效果如图 7-64 所示。

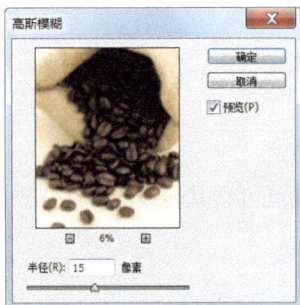

图 7-63

图 7-64

（3）单击"图层"控制面板下方的"添加图层蒙版"按钮 ，为副本图层添加蒙版，如图 7-65 所示。将前景色设为黑色。选择画笔工具 ，在属性栏中单击"画笔"选项右侧的 按钮，在弹出的面板中选择需要的画笔形状，将"大小"选项设为 700 像素，如图 7-66 所示，在图像窗口中拖曳鼠标擦除不需要的图像，效果如图 7-67 所示。

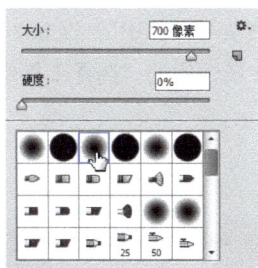

图 7-65　　　　　　　　图 7-66　　　　　　　　图 7-67

（4）新建图层并将其命名为"边框"。将前景色设为深褐色（其 R、G、B 的值分别为 44、26、11）。选择圆角矩形工具 ，在属性栏中将"选择工具模式"选项设为"路径"，将"半径"选项设为 50 像素，在图像窗口中绘制路径，效果如图 7-68 所示。选择路径选择工具 ，选取绘制的路径，效果如图 7-69 所示。

图 7-68　　　　　　　图 7-69

（5）选择画笔工具 ，单击属性栏中的"切换画笔面板"按钮 ，弹出"画笔"控制面板，选择需要的画笔形状，其他选项的设置如图 7-70 所示。在路径上单击鼠标右键，在弹出的菜单中选择"描边路径"命令，在弹出的对话框中进行设置，如图 7-71 所示，单击"确定"按钮，为路径描边，效果如图 7-72 所示。

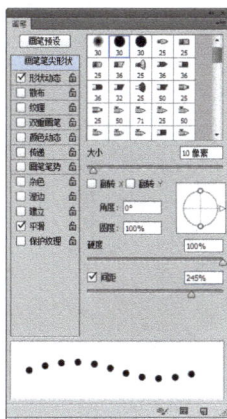
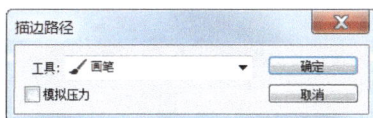

图 7-70　　　　　　　　　　　　图 7-71　　　　　　　　　　　　图 7-72

2．绘制路径并移动图像

（1）按 Ctrl + O 组合键，打开本书学习资源中的"Ch07\ 素材 \ 制作咖啡店宣传卡 \02"文件，如图 7-73 所示。选择钢笔工具 ，在属性栏的"选择工具模式"选项中选择"路径"，在图像窗口中沿着杯子轮廓绘制路径，如图 7-74 所示。

图 7-73   图 7-74

（2）选择钢笔工具 ，按住 Ctrl 键的同时，钢笔工具 转换为直接选择工具 ，拖曳路径中的锚点改变路径的弧度，再次拖曳锚点上的调节手柄改变线条的弧度，效果如图 7-75 所示。

（3）将鼠标指针移动到建立好的路径上，若当前该处没有锚点，则钢笔工具 会转换为添加锚点工具 ，如图 7-76 所示，在路径上单击可以添加一个锚点。选择转换点工具 ，按住 Alt 键的同时，可以任意改变调节手柄中的其中一个，如图 7-77 所示。

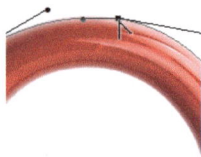

图 7-75   图 7-76   图 7-77

（4）用上述的路径工具，将路径调整得更贴近杯子的形状，效果如图 7-78 所示。单击"路径"控制面板下方的"将路径作为选区载入"按钮 ，将路径转换为选区，如图 7-79 所示。选择移动工具 ，将 02 文件选区中的图像拖曳到正在编辑的 01 文件中，如图 7-80 所示。此时，"图层"控制面板中会生成新的图层，将其命名为"咖啡杯"。

图 7-78   图 7-79   图 7-80

（5）按 Ctrl+T 组合键，图像周围出现变换框，拖曳鼠标调整图像的大小和位置，按 Enter 键确认操作，效果如图 7-81 所示。选择魔棒工具 ，在需要的位置单击生成选区，如图 7-82 所示。按 Delete

键，删除选区中的图像。取消选区后，效果如图 7-83 所示。

图 7-81　　　　　　　　　　图 7-82　　　　　　　　　　图 7-83

（6）单击"图层"控制面板下方的"添加图层样式"按钮 fx ，在弹出的菜单中选择"投影"命令，在弹出的对话框中进行设置，如图 7-84 所示，单击"确定"按钮，效果如图 7-85 所示。

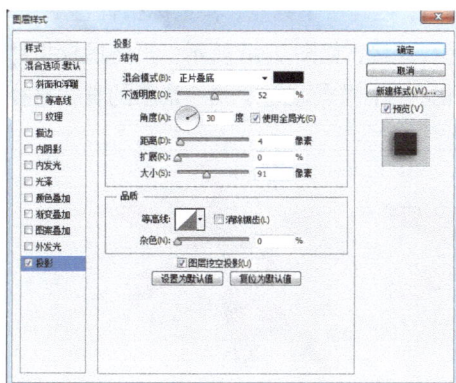

图 7-84　　　　　　　　　　　　　图 7-85

（7）将前景色设为黄色（其 R、G、B 的值分别为 255、204、0）。选择横排文字工具 T ，在图像窗口中输入需要的文字。按 Ctrl+T 组合键，弹出"字符"面板，选项的设置如图 7-86 所示，效果如图 7-87 所示。咖啡店宣传卡制作完成。

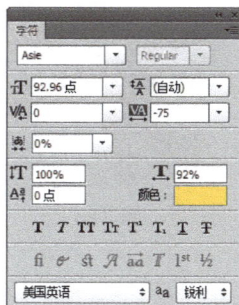

图 7-86　　　　　　　　　　图 7-87

7.2.2　钢笔工具

选择钢笔工具 $\varnothing$ ，或反复按 Shift+P 组合键，其属性栏如图 7-88 所示。

图 7-88

按住 Shift 键创建锚点时，将以 45° 倍数的角度绘制路径。按住 Alt 键，当钢笔工具 移到锚点上时，钢笔工具 临时转换为转换点工具 。按住 Ctrl 键，钢笔工具 临时转换成直接选择工具 。

1. 绘制直线

选择钢笔工具 ，在属性栏的"选择工具模式"选项中选择"路径"，钢笔工具 绘制的将是路径。如果选中"形状"，将生成形状图层。勾选"自动添加/删除"复选框，钢笔工具的属性栏如图 7-89 所示。

图 7-89

打开一张图像，在图像中的任意位置单击，创建一个锚点，将鼠标指针移动到其他位置再次单击，创建第二个锚点，两个锚点将自动以直线进行连接，如图 7-90 所示。再将鼠标指针移动到其他位置单击，创建第三个锚点，而系统将在第二个和第三个锚点之间生成一条新的直线路径，如图 7-91 所示。

图 7-90　　　　　　　　　图 7-91

将鼠标指针移至第二个锚点上，鼠标指针暂时转换成删除锚点工具 ，如图 7-92 所示，在锚点上单击，即可将第二个锚点删除，如图 7-93 所示。

图 7-92　　　　　　　　　图 7-93

2. 绘制曲线

选择钢笔工具 ，在图像中单击创建新的锚点，拖曳鼠标，创建曲线和曲线锚点，如图 7-94 所示。释放鼠标，按住 Alt 键的同时，单击刚创建的曲线锚点，如图 7-95 所示，将其转换为直线锚点，在其他位置再次单击创建一个新的锚点，可在曲线后绘制出直线，如图 7-96 所示。

图 7-94　　　　　　　图 7-95　　　　　　　图 7-96

7.2.3　自由钢笔工具

选择自由钢笔工具 ，对其属性栏进行设置，如图 7-97 所示。

图 7-97

在图像的左上方单击确定最初的锚点，沿图像小心地拖曳鼠标并单击，确定其他的锚点，如图 7-98 所示。如果创建时出现了偏差，可以使用其他的路径工具对路径进行调整，如图 7-99 所示。

图 7-98　　　　　　　　图 7-99

7.2.4　添加锚点工具

将钢笔工具 移动到创建的路径上，若当前此处没有锚点，则钢笔工具 会转换成添加锚点工具 ，如图 7-100 所示，在路径上单击可以添加一个锚点，效果如图 7-101 所示。将钢笔工具 移动到创建的路径上，若当前此处没有锚点，则钢笔工具 会转换成添加锚点工具 ，如图 7-102 所示，单击添加锚点后，向上拖曳鼠标，可以创建曲线和曲线锚点，效果如图 7-103 所示。

图 7-100　　　　　　图 7-101　　　　　　图 7-102　　　　　　图 7-103

7.2.5　删除锚点工具

将钢笔工具 移动到路径的锚点上，则钢笔工具 转换成删除锚点工具 ，如图 7-104 所示，单击锚点可将其删除，效果如图 7-105 所示。将钢笔工具 移动到曲线路径的锚点上，则钢笔工具 转换成删除锚点工具 ，如图 7-106 所示，单击锚点可将其删除，效果如图 7-107 所示。

图 7-104　　　　　　　图 7-105　　　　　　　图 7-106　　　　　　　图 7-107

7.2.6　转换点工具

按住 Shift 键，拖曳任意一个锚点，控制手柄将以 45° 倍数的角度进行改变。按住 Alt 键，拖曳控制手柄，可以任意改变两个控制手柄中的一个，而不影响另一个的位置。按住 Alt 键，拖曳路径中的线段，可以复制路径。

使用钢笔工具 在图像中绘制三角形路径，如图 7-108 所示。当要闭合路径时，鼠标指针变为 形状，单击即可闭合路径，完成三角形路径的绘制，如图 7-109 所示。

图 7-108　　　　　　　图 7-109

选择转换点工具 ，将鼠标指针放置在三角形路径左上角的锚点上，如图 7-110 所示，向右上方拖曳锚点，可以将其转换为曲线锚点，如图 7-111 所示。使用相同的方法将三角形路径右上角的锚点转换为曲线锚点，如图 7-112 所示。绘制完成后，路径的效果如图 7-113 所示。

图 7-110　　　　　　　图 7-111　　　　　　　图 7-112　　　　　　　图 7-113

7.2.7　选区和路径的转换

1．将选区转换为路径

在图像上绘制选区，如图 7-114 所示。单击"路径"控制面板右上方的 ![按钮] 按钮，在弹出的菜单中选择"建立工作路径"命令，弹出"建立工作路径"对话框，在对话框中应用"容差"选项设置转换时的误差允许范围，数值越小越精确，路径上的锚点也越多。如果要编辑生成的路径，最好将"容差"选项设置为 2 像素，如图 7-115 所示。单击"确定"按钮，将选区转换成路径，效果如图 7-116 所示。

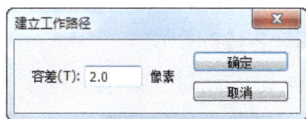

图 7-114　　　　　　　　　　图 7-115　　　　　　　　　　图 7-116

单击"路径"控制面板下方的"从选区生成工作路径"按钮 ![] ，也可以将选区转换成路径。

2．将路径转换为选区

在图像中创建路径，如图 7-117 所示。单击"路径"控制面板右上方的 ![按钮] 按钮，在弹出的菜单中选择"建立选区"命令，弹出"建立选区"对话框，如图 7-118 所示。设置完成后，单击"确定"按钮，可以将路径转换成选区，效果如图 7-119 所示。

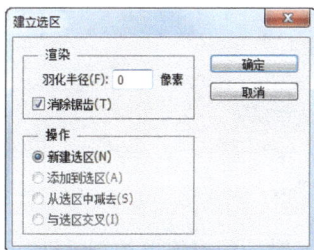

图 7-117　　　　　　　　　　图 7-118　　　　　　　　　　图 7-119

单击"路径"控制面板下方的"将路径作为选区载入"按钮 ![] ，也可以将路径转换成选区。

功能介绍

直接选择工具：用于移动路径中的锚点或线段，还可以调整控制手柄和控制点。

7.2.8　课堂案例——制作食物宣传卡

【案例学习目标】学习使用不同的绘制工具绘制并调整路径。

【案例知识要点】使用钢笔工具、添加锚点工具和转换点工具绘制路径，使用椭圆选框工具和羽化命令制作阴影，最终效果如图 7-120 所示。

【效果所在位置】Ch07\效果\制作食物宣传卡.psd。

图 7-120

（1）按 Ctrl+O 组合键，打开本书学习资源中的"Ch07 \ 素材 \ 制作食物宣传卡 \ 01"文件，如图 7-121 所示。选择钢笔工具 ，在属性栏的"选择工具模式"选项中选择"路径"，在图像窗口中沿着蛋糕轮廓拖曳鼠标绘制路径，如图 7-122 所示。

（2）选择钢笔工具 ，按住 Ctrl 键的同时，钢笔工具 转换为直接选择工具 ，拖曳路径中的锚点改变路径的弧度，再拖曳控制手柄改变线段的弧度，效果如图 7-123 所示。将鼠标指针移动到建立好的路径上，若当前处没有锚点，则钢笔工具 转换为添加锚点工具 ，如图 7-124 所示，在路径上单击添加一个锚点。

图 7-121　　　　　　　图 7-122　　　　　　　图 7-123　　　　　　　图 7-124

（3）选择转换点工具 ，按住 Alt 键的同时拖曳控制手柄，可以任意改变控制手柄中的其中一个，如图 7-125 所示。用上述路径工具，将路径调整得更贴近蛋糕的形状，效果如图 7-126 所示。

图 7-125　　　　　　　图 7-126

（4）单击"路径"控制面板下方的"将路径作为选区载入"按钮 ，将路径转换为选区，如图 7-127 所示。按 Ctrl+O 组合键，打开本书学习资源中的"Ch07 \ 素材 \ 制作食物宣传卡 \ 02"

文件,如图 7-128 所示。选择移动工具 ,将 01 选区中的图像拖曳到 02 图像窗口中,效果如图 7-129
所示。此时,"图层"控制面板中会生成新的图层,将其命名为"蛋糕"。

图 7-127

图 7-128

图 7-129

（5）新建图层并将其命名为"投影"。将前景色设为咖啡色（其 R、G、
B 的值分别为 75、34、0）。选择椭圆选框工具 ,在图像窗口中拖曳鼠
标绘制椭圆选区,如图 7-130 所示。按 Shift+F6 组合键,在弹出的"羽化
选区"对话框中进行设置,如图 7-131 所示,单击"确定"按钮,羽化选
区。按 Alt+Delete 组合键,用前景色填充选区。按 Ctrl+D 组合键,取消选
区,效果如图 7-132 所示。

（6）在"图层"控制面板中,将"投影"图层拖曳到"蛋糕"图层的
下方,如图 7-133 所示,图像效果如图 7-134 所示。

图 7-130

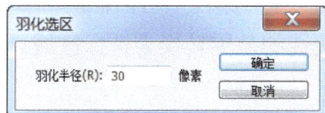

图 7-131

图 7-132

图 7-133

图 7-134

（7）按住 Shift 键的同时,将"蛋糕"图层和"投影"图层同时选取。按 Ctrl+E 组合键,合并图
层,如图 7-135 所示。连续两次将"蛋糕"图层拖曳到"图层"控制面板下方的"创建新图层"按钮
上进行复制,生成新的副本图层,如图 7-136 所示。分别选择副本图层,将其拖曳到适当的位置并调
整大小,效果如图 7-137 所示。食物宣传卡制作完成。

图 7-135

图 7-136

图 7-137

7.2.9　路径控制面板

绘制路径，选择"窗口 > 路径"命令，弹出"路径"控制面板，如图 7-138 所示。控制面板的底部有 7 个工具按钮，如图 7-139 所示。单击控制面板右上方的 ▾≡ 按钮，可以弹出一个菜单，如图 7-140 所示。

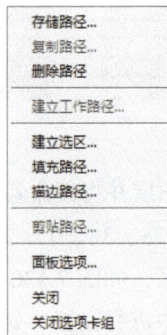

图 7-138　　　　　　　　　　图 7-139　　　　　　　　图 7-140

"用前景色填充路径"按钮 ● ：单击此按钮，将对当前选中的路径进行填充，填充的对象包括当前路径的所有子路径及不连续的路径线段。如果选定了路径中的一部分，"路径"控制面板菜单中的"填充路径"命令将变为"填充子路径"命令。如果被填充的路径为开放路径，路径的两个端点将自动以直线段连接，然后进行填充。如果只有一条开放的路径，则不能进行填充。按住 Alt 键的同时，单击此按钮，将弹出"填充路径"对话框。

"用画笔描边路径"按钮 ○ ：单击此按钮，系统将使用当前的颜色和当前在"描边路径"对话框中设定的工具对路径进行描边。按住 Alt 键的同时单击此按钮，将弹出"描边路径"对话框。

"将路径作为选区载入"按钮 ⊙ ：单击此按钮，将把当前路径所圈选的范围转换为选择区域。按住 Alt 键的同时，单击此按钮，将弹出"建立选区"对话框。

"从选区生成工作路径"按钮 ◇ ：单击此按钮，将把当前的选择区域转换成路径。按住 Alt 键的同时，单击此按钮，将弹出"建立工作路径"对话框。

"添加图层蒙版"按钮 ▣ ：用于为当前图层添加蒙版。

"创建新路径"按钮 ▣ ：单击此按钮，可以创建一个新的路径。按住 Alt 键的同时，单击此按钮，将弹出"新建路径"对话框。

"删除当前路径"按钮 🖿 ：用于删除当前路径。将"路径"控制面板中的一个路径直接拖曳到此按钮上，可将整个路径删除。

7.2.10　新建路径

单击"路径"控制面板右上方的 ▾≡ 按钮，在弹出的菜单中选择"新建路径"命令，弹出"新建路径"对话框，如图 7-141 所示。

名称：用于设定新图层的名称。

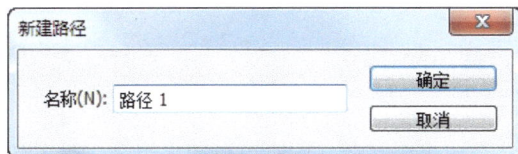

图 7-141

单击"路径"控制面板下方的"创建新路径"按钮▣，可以创建一个新路径。按住 Alt 键的同时，单击"创建新路径"按钮▣，将弹出"新建路径"对话框，设置完成后，单击"确定"按钮可以创建一个新路径。

7.2.11　复制、删除、重命名路径

1．复制路径

单击"路径"控制面板右上方的▾☰按钮，在弹出的菜单中选择"复制路径"命令，弹出"复制路径"对话框，如图 7-142 所示，在"名称"选项中设置复制路径的名称，单击"确定"按钮，"路径"控制面板如图 7-143 所示。

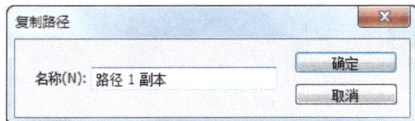

图 7-142　　　　　　　　　　图 7-143

在"路径"控制面板中，将需要复制的路径拖曳到下方的"创建新路径"按钮▣上，即可将所选的路径复制为一个新路径。

2．删除路径

单击"路径"控制面板右上方的▾☰按钮，在弹出的菜单中选择"删除路径"命令，可以将路径删除。

在"路径"控制面板中选择需要删除的路径，单击面板下方的"删除当前路径"按钮🗑，可以将选中的路径删除。

3．重命名路径

双击"路径"控制面板中的路径名称，出现重命名路径文本框，如图 7-144 所示，更改名称后按 Enter 键确认操作，如图 7-145 所示。

图 7-144　　　　　　　　　　图 7-145

7.2.12　路径选择工具

路径选择工具可以选择单个或多个路径，同时可以用来组合、对齐和分布路径。

选择路径选择工具 ，或反复按 Shift+A 组合键，其属性栏如图 7-146 所示。

图 7-146

7.2.13　直接选择工具

路径的原始效果如图 7-147 所示。选择直接选择工具 ，拖曳路径中的锚点来改变路径的弧度，如图 7-148 所示。

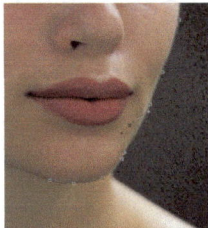 

图 7-147　　　　　图 7-148

7.2.14　填充路径

在图像窗口中创建路径，如图 7-149 所示。单击"路径"控制面板右上方的 按钮，在弹出的菜单中选择"填充路径"命令，弹出"填充路径"对话框，如图 7-150 所示。设置完成后，单击"确定"按钮，用前景色填充路径，效果如图 7-151 所示。

 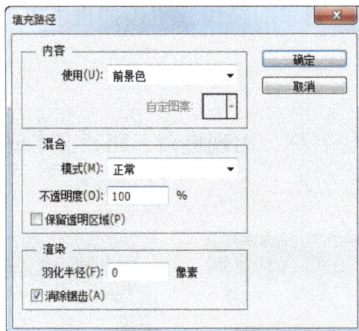 

图 7-149　　　　　　　　图 7-150　　　　　　　　图 7-151

单击"路径"控制面板下方的"用前景色填充路径"按钮 ，即可填充路径。按住 Alt 键的同时，单击"用前景色填充路径"按钮 ，将弹出"填充路径"对话框。

7.2.15　描边路径

在图像窗口中创建路径，如图 7-152 所示。单击"路径"控制面板右上方的 按钮，在弹出的菜单中选择"描边路径"命令，弹出"描边路径"对话框，选择"工具"下拉列表中的"画笔"，如图 7-153 所示。此下拉列表中共有 19 种工具可供选择，如果当前在工具箱中已经选择了画笔工具，则此处会默认选择"画笔"。另外，在画笔属性栏中设定的画笔类型也将直接影响此处的描边效果。设置好后，单击"确定"按钮，描边路径的效果如图 7-154 所示。

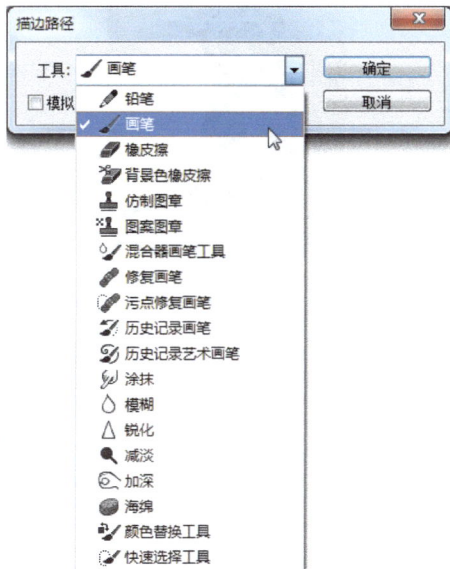

图 7-152　　　　　　　　　　　图 7-153　　　　　　　　　　　图 7-154

单击"路径"控制面板下方的"用画笔描边路径"按钮 ，即可为路径描边。按住 Alt 键的同时，单击"用画笔描边路径"按钮 ，将弹出"描边路径"对话框。

课堂练习——制作女孩照片模板

【练习知识要点】使用绘图工具和添加图层样式命令绘制照片底图，使用创建剪贴蒙版命令制作图片的剪贴蒙版效果，使用自定形状工具和多种图层样式制作装饰图形，最终效果如图 7-155 所示。

【效果所在位置】Ch07\效果\制作女孩照片模板.psd。

图 7-155

课后习题——绘制情侣旅行插画

【习题知识要点】使用钢笔工具绘制线条图形，使用自定形状工具绘制心形，使用添加图层样式命令为人物图片添加图层样式，最终效果如图 7-156 所示。

【效果所在位置】Ch07\效果\绘制情侣旅行插画.psd。

图 7-156

第8章

调整图像的色彩和色调

本章介绍

本章主要介绍调整图像色彩与色调的多种命令。通过对本章的学习，读者可以根据不同的需要应用多种调整命令对图像的色彩和色调进行细微的调整，还可以对图像进行特殊颜色的处理。

- -

学习目标

- 掌握色彩与色调调整命令的使用方法。
- 掌握特殊颜色处理命令的使用方法。

- -

技能目标

- 掌握"特效生活照片"的制作方法。
- 掌握"运动宣传照片"的制作方法。
- 掌握"人物特效照片"的制作方法。
- 掌握"暖色调生活照片"的制作方法。
- 掌握"吉他广告"的制作方法。
- 掌握"特殊艺术照片"的制作方法。

8.1　色彩与色调调整命令

Photoshop CS6 提供了多种色彩和色调调整命令，可用于处理图像和数码照片。下面将具体讲解这些命令的用法。

功能介绍

亮度/对比度命令：用于调节图像的亮度和对比度。

色彩平衡命令：用于调节图像的色彩平衡度。

反相命令：可以将图像或选区的像素反转为其补色，创建底片效果。

8.1.1　课堂案例——制作特效生活照片

【案例学习目标】学习使用通道控制面板及调整命令制作需要的效果。

【案例知识要点】使用色阶命令、反相命令、去色命令和亮度/对比度命令调整照片，最终效果如图 8-1 所示。

【效果所在位置】Ch08\效果\制作特效生活照片.psd。

图 8-1

（1）按 Ctrl + O 组合键，打开本书学习资源中的"Ch08\ 素材 \ 制作特效生活照片 \01"文件，如图 8-2 所示。选择"通道"控制面板，将"绿"通道拖曳到"创建新通道"按钮 上进行复制，生成新的"绿 副本"通道，如图 8-3 所示。

图 8-2

图 8-3

（2）按 Ctrl+L 组合键，弹出"色阶"对话框，选项的设置如图 8-4 所示，单击"确定"按钮，图像效果如图 8-5 所示。

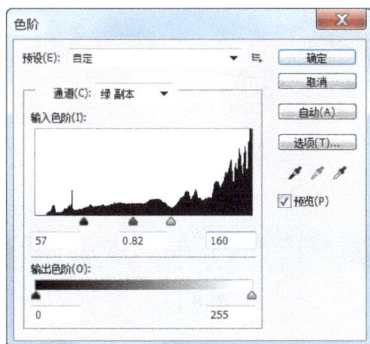

图 8-4

图 8-5

（3）按 Ctrl+I 组合键，使图像反相，如图 8-6 所示。按住 Ctrl 键的同时，单击"绿 副本"通道的缩览图，如图 8-7 所示，图像周围生成选区，如图 8-8 所示。

图 8-6

图 8-7

图 8-8

（4）选中"RGB"通道，返回"图层"控制面板，选中"背景"图层。按 Shift+Ctrl+I 组合键，将选区反选，如图 8-9 所示。按 Ctrl+Delete 组合键，用背景色填充选区，如图 8-10 所示。

图 8-9

图 8-10

（5）选择"图像 > 调整 > 亮度/对比度"命令，在弹出的对话框中进行设置，如图 8-11 所示，单击"确定"按钮。按 Ctrl+D 组合键，取消选区，图像效果如图 8-12 所示。

（6）选择横排文字工具 T，在适当的位置分别输入需要的文字并选取文字，在属性栏中选择合适的字体并设置文字大小，效果如图 8-13 所示。特效生活照片制作完成。

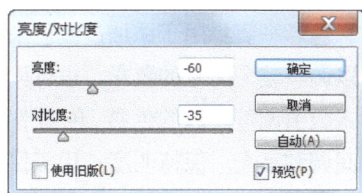

图 8-11

图 8-12

图 8-13

8.1.2　亮度/对比度

　　亮度/对比度命令调整的是整个图像的色彩。

　　原始图像如图 8-14 所示。选择"图像 > 调整 > 亮度/对比度"命令，弹出"亮度/对比度"对话框，如图 8-15 所示。在对话框中，可以通过拖曳亮度和对比度滑块来调整图像的亮度和对比度，调整好后单击"确定"按钮，图像效果如图 8-16 所示。

图 8-14

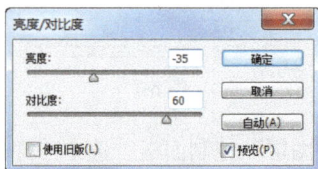

图 8-15

图 8-16

8.1.3　自动对比度

　　选择"图像 > 自动对比度"命令，或按 Alt+Shift+Ctrl+L 组合键，可以对图像的对比度进行自动调整。

8.1.4　色彩平衡

　　选择"图像 > 调整 > 色彩平衡"命令，或按 Ctrl+B 组合键，弹出"色彩平衡"对话框，如图 8-17 所示。

　　色彩平衡：用于添加过渡色来平衡色彩效果，拖曳滑块可以调整整个图像的色彩，也可以在"色阶"数值框中直接输入数值调整图像的色彩。色调平衡：用于选取图像的阴影、中间调和高光。保持明度：用于保持原图像的明度。

　　设置不同的色彩平衡后，图像效果如图 8-18 所示。

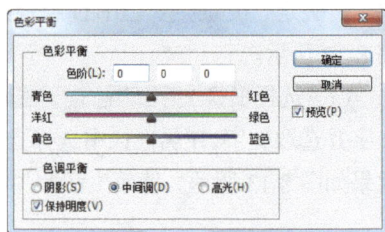

图 8-17

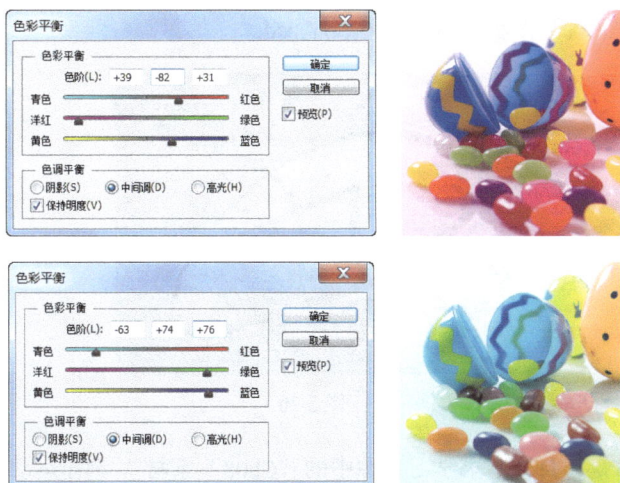

图 8-18

8.1.5 反相

选择"图像 > 调整 > 反相"命令，或按 Ctrl+I 组合键，可以反转图像的颜色，创建底片效果。不同色彩模式的图像反相后的效果如图 8-19 所示。

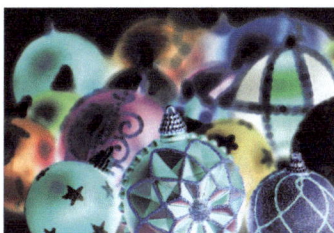

原始图像效果   RGB 色彩模式反相后的效果   CMYK 色彩模式反相后的效果

图 8-19

提示   反相效果是对图像的每一个色彩通道进行反相后的合成效果，不同色彩模式的图像反相后的效果是不同的。

功能介绍

变化命令：用于调整图像的色彩。

8.1.6 课堂案例——制作运动宣传照片

【案例学习目标】学习使用调整命令调节图像的色彩，应用图层蒙版编辑图像。

【案例知识要点】使用变化命令和亮度/对比度命令调整图像的颜色，使用添加图层蒙版命令和画笔工具编辑图像，最终效果如图 8-20 所示。

【效果所在位置】Ch08\效果\制作运动宣传照片.psd。

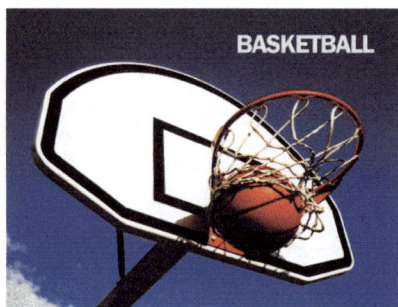

图 8-20

（1）按 Ctrl+O 组合键，打开本书学习资源中的"Ch08 \ 素材 \ 制作运动宣传照片 \ 01"文件，如图 8-21 所示。将"背景"图层拖曳到"图层"控制面板下方的"创建新图层"按钮 ▣ 上进行复制，生成新的 "背景 副本"图层，如图 8-22 所示。

图 8-21   图 8-22

（2）选择"图像 > 调整 > 变化"命令，在弹出的对话框中单击"较暗"标签两次，如图 8-23 所示，单击"确定"按钮，效果如图 8-24 所示。

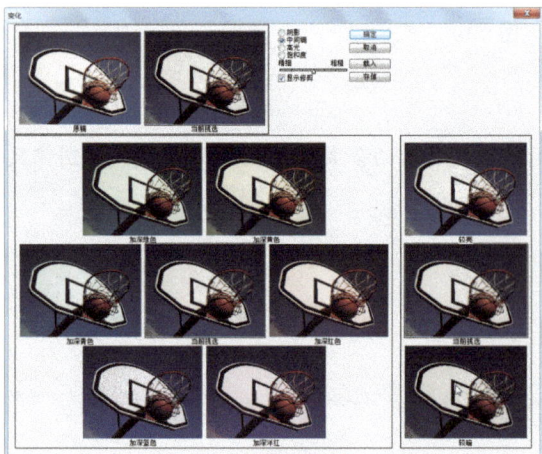

图 8-23   图 8-24

（3）选择"图像 > 调整 > 亮度/对比度"命令，在弹出的对话框中进行设置，如图 8-25 所示，单击"确定"按钮，效果如图 8-26 所示。

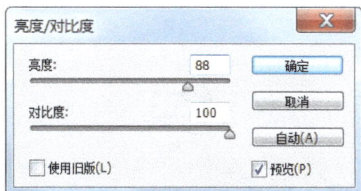

图 8-25

图 8-26

（4）单击"图层"控制面板下方的"添加图层蒙版"按钮，为"背景 副本"图层添加图层蒙版，如图 8-27 所示。将前景色设为黑色。选择画笔工具，在属性栏中单击"画笔"选项右侧的按钮，在弹出的画笔选择面板中选择需要的画笔形状，如图 8-28 所示。在图像窗口中拖曳鼠标擦除不需要的图像，效果如图 8-29 所示。

图 8-27

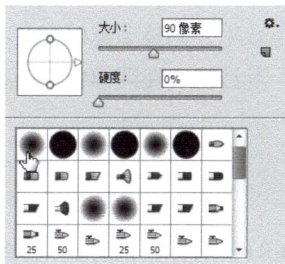

图 8-28

图 8-29

（5）将前景色设为白色。选择横排文字工具，输入需要的文字并选取文字，在属性栏中选择合适的字体并设置文字的大小，效果如图 8-30 所示。选取需要的文字，按 Ctrl+T 组合键，弹出"字符"面板，选项的设置如图 8-31 所示，效果如图 8-32 所示。运动宣传照片制作完成。

图 8-30

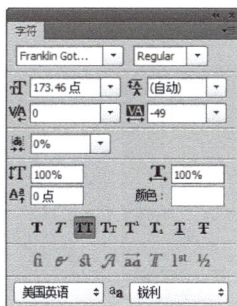

图 8-31

图 8-32

8.1.7　变化

选择"图像 > 调整 > 变化"命令，弹出"变化"对话框，如图 8-33 所示。

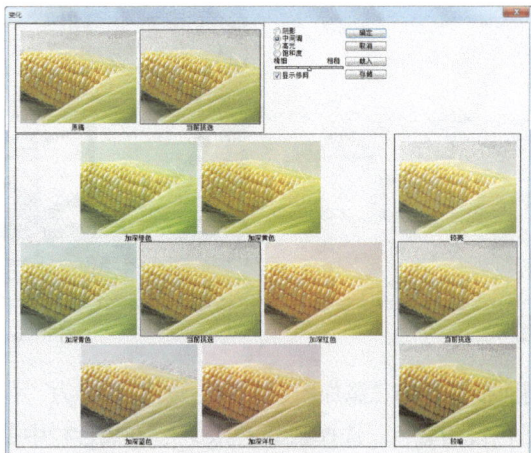

图 8-33

在对话框中，"阴影""中间调""高光""饱和度"这 4 个选项，用于控制图像色彩的改变范围。下方的滑块用于设置调整的等级。左上方的两幅图像显示的是图像的原始效果和调整后的效果。左下方区域是 7 幅图像，用于选择增加不同的颜色效果，调整图像的亮度和饱和度等。右侧区域是 3 幅图像，用于调整图像的亮度。勾选"显示修剪"复选框，在图像色彩调整超出色彩空间时显示超色域。

8.1.8 自动颜色

选择"图像 > 自动颜色"命令，或按 Shift+Ctrl+B 组合键，可以对图像的色彩进行自动调整。

8.1.9 色调均化

色调均化命令用于调整图像或选区像素的过黑部分，使图像变得明亮，并将图像中其他的像素平均分配在亮度色谱中。选择"图像 > 调整 > 色调均化"命令，在不同的色彩模式下，图像将产生不同的效果，如图 8-34 所示。

| 原始图像效果 | RGB 色彩模式下色调均化的效果 | CMYK 色彩模式下色调均化的效果 | LAB 色彩模式下色调均化的效果 |

图 8-34

功能介绍

色阶命令：用于调整图像的对比度、饱和度及灰度。

渐变映射命令：用于将图像的最暗和最亮色调映射为一组渐变色中的最暗和最亮色调。

8.1.10 课堂案例——制作人物特效照片

【案例学习目标】学习使用不同的调色命令调整照片颜色。

【案例知识要点】使用色阶命令、自然饱和度命令、渐变映射命令和滤镜库命令制作人物照片，最终效果如图 8-35 所示。

【效果所在位置】Ch08\效果\制作人物特效照片.psd。

图 8-35

（1）按 Ctrl + O 组合键，打开本书学习资源中的"Ch08\ 素材 \ 制作人物特效照片 \01"文件，如图 8-36 所示。单击"图层"控制面板下方的"创建新的填充或调整图层"按钮 ，在弹出的菜单中选择"色阶"命令，生成"色阶 1"图层，同时在弹出的"色阶"面板中进行设置，如图 8-37 所示，图像效果如图 8-38 所示。

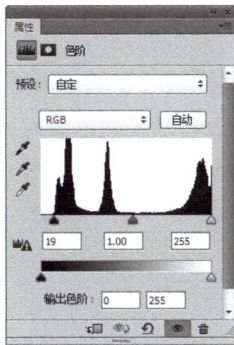

图 8-36 　　　　　　　图 8-37 　　　　　　　图 8-38

（2）按 Ctrl + O 组合键，打开本书学习资源中的"Ch08\ 素材 \ 制作人物特效照片 \02"文件，选择移动工具 ，将 02 图片拖曳到 01 图像窗口中适当的位置，并调整其大小，如图 8-39 所示。单击"图层"控制面板下方的"创建新的填充或调整图层"按钮 ，在弹出的菜单中选择"自然饱和度"命令，生成"自然饱和度 1"图层，同时在弹出的"自然饱和度"面板中进行设置，如图 8-40 所示，图像效果如图 8-41 所示。

图 8-39　　　　　　　图 8-40　　　　　　　图 8-41

（3）按 Alt+Shift+Ctrl＋E 组合键，合并所有可见图层，生成新的图层并将其命名为"合成效果"，如图 8-42 所示。选择"滤镜 > 滤镜库"命令，在弹出的对话框中进行设置，如图 8-43 所示，单击"确定"按钮，效果如图 8-44 所示。

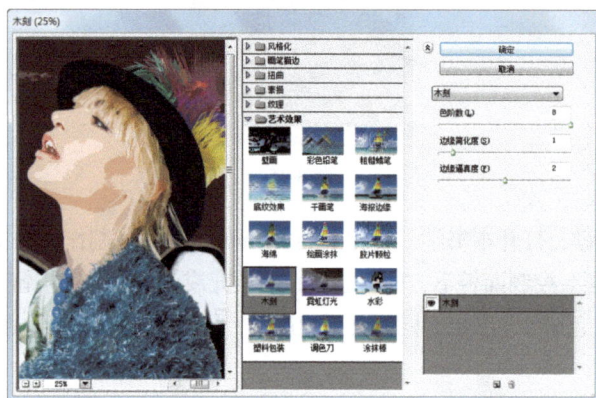

图 8-42　　　　　　　　　　　图 8-43　　　　　　　　　　　图 8-44

（4）选择"图像 > 调整 > 渐变映射"命令，在弹出的对话框中单击"点按可编辑渐变"按钮，弹出"渐变编辑器"对话框，将渐变颜色设为从紫色（其 R、G、B 的值分别为 41、10、89）到橙色（其 R、G、B 的值分别为 255、124、0），如图 8-45 所示。单击"确定"按钮，返回"渐变映射"对话框，选项的设置如图 8-46 所示，单击"确定"按钮，图像效果如图 8-47 所示。

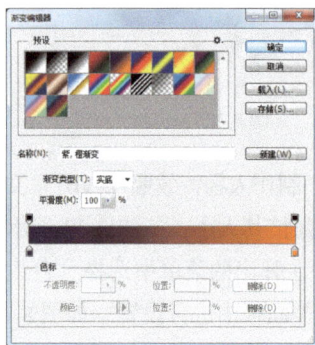
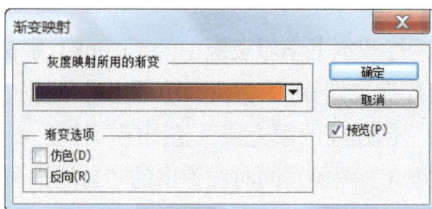

图 8-45　　　　　　　　　　　图 8-46　　　　　　　　　　　图 8-47

（5）将前景色设为紫色（其 R、G、B 的值分别为 68、24、78）。选择横排文字工具 $\boxed{T}$，输入需要的文字并选取文字，在属性栏中选择合适的字体并设置文字大小，效果如图 8-48 所示。选取需要的文字，将其填充为橙色（其 R、G、B 的值分别为 240、117、7），效果如图 8-49 所示。人物特效照片制作完成。

图 8-48　　　　　　　　　图 8-49

8.1.11　色阶

原始图像如图 8-50 所示。选择"色阶"命令，或按 Ctrl+L 组合键，弹出"色阶"对话框，如图 8-51 所示。

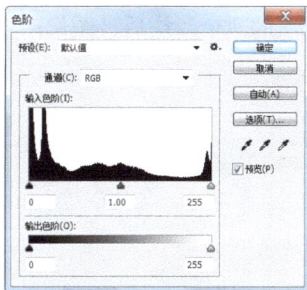

图 8-50　　　　　　　　　图 8-51

对话框中间是一个直方图，其横坐标为亮度值，纵坐标为图像的像素数值。

通道：可以从其下拉列表中选择不同的颜色通道来调整图像。如果想选择两个以上的色彩通道，要先在"通道"控制面板中选择所需要的通道，再调出"色阶"对话框。

输入色阶：用于控制图像选定区域的最暗和最亮色彩，通过输入数值或拖曳三角滑块来调整图像色彩。左侧的数值框和黑色滑块用于调整黑色，图像中低于该亮度值的所有像素将变为黑色。中间的数值框和灰色滑块用于调整灰度，其数值范围为 0.01~9.99。1.00 为中性灰度，数值大于 1.00 时，将降低图像中间灰度，小于 1.00 时，将提高图像中间灰度。右侧的数值框和白色滑块用于调整白色，图像中高于该亮度值的所有像素将变为白色。

调整"输入色阶"选项的 3 个滑块后，图像产生的不同色彩效果如图 8-52、图 8-53 和图 8-54 所示。

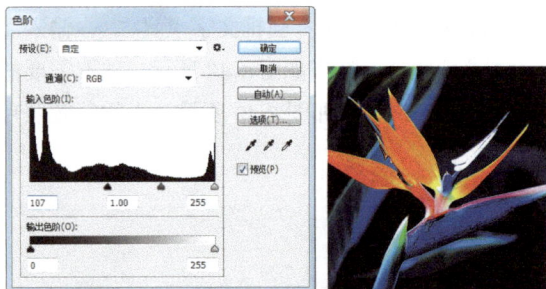

图 8-52

图 8-53

图 8-54

输出色阶：可以通过输入数值或拖曳三角滑块来控制图像的亮度范围。左侧的数值框和黑色滑块用于调整图像最暗像素的亮度。右侧的数值框和白色滑块用于调整图像最亮像素的亮度。输出色阶的调整将增加图像的灰度，降低图像的对比度。

调整"输出色阶"选项的两个滑块后，图像产生的不同色彩效果如图 8-55 和图 8-56 所示。

图 8-55

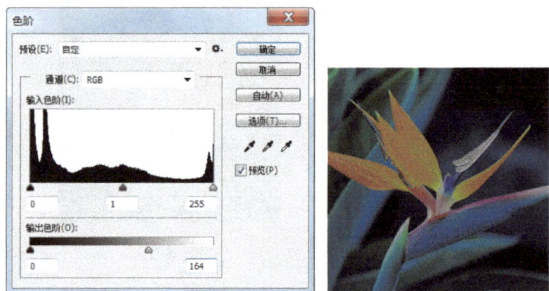

图 8-56

自动：可自动调整图像并设置层次。

选项：单击此按钮，弹出"自动颜色校正选项"对话框，在对话框中可以设置黑色像素和白色像素的比例。

取消：按住 Alt 键，"取消"按钮会转换为"复位"按钮，单击此按钮可以将刚调整过的色阶复位还原，然后重新进行设置。

🖋 🖋 🖋：分别为黑色吸管工具、灰色吸管工具和白色吸管工具。选中黑色吸管工具，在图像中单击，图像中暗于单击点的所有像素都会变为黑色。用灰色吸管工具在图像中单击，单击点的像素都会变为灰色，图像中的其他颜色也会相应地调整。用白色吸管工具在图像中单击，图像中亮于单击点的所有像素都会变为白色。双击任意吸管工具，在弹出的对话框中可以设置吸管颜色。

预览：勾选此复选框，可以即时显示图像的调整结果。

8.1.12　自动色阶

选择"图像 > 自动色阶"命令，或按 Shift+Ctrl+L 组合键，可以对图像的色阶进行自动调整。

8.1.13　渐变映射

原始图像如图 8-57 所示。选择"图像 > 调整 > 渐变映射"命令，弹出"渐变映射"对话框，如图 8-58 所示。单击"灰度映射所用的渐变"选项的色带，在弹出的"渐变编辑器"对话框中设置渐变色，如图 8-59 所示。单击"确定"按钮，图像效果如图 8-60 所示。

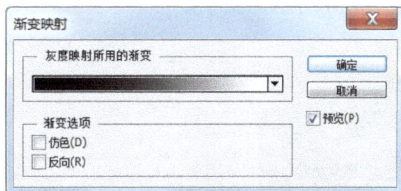

图 8-57　　　　　　　　　　　　　图 8-58

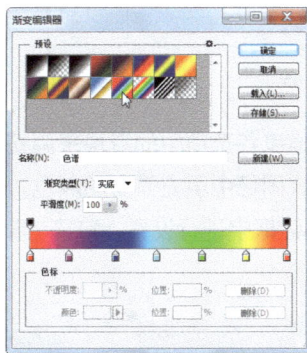

图 8-59　　　　　　　　　　　　　图 8-60

灰度映射所用的渐变：用于选择不同的渐变形式。仿色：用于为转变色阶后的图像增加仿色。反向：用于将转变色阶后的图像颜色反转。

8.1.14　阴影/高光

阴影/高光命令用于调整图像中曝光过度或曝光不足区域的对比度，同时保持照片的整体平衡。原始图像如图 8-61 所示。选择"图像 > 调整 > 阴影/高光"命令，弹出"阴影/高光"对话框，设置如图 8-62 所示。单击"确定"按钮，效果如图 8-63 所示。

图 8-61

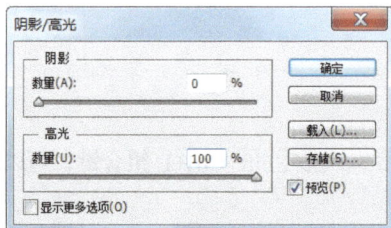
图 8-62

图 8-63

8.1.15 色相/饱和度

色相/饱和度命令用于调节图像的色相和饱和度。原始图像如图 8-64 所示。选择"图像 > 调整 > 色相/饱和度"命令，或按 Ctrl+U 组合键，弹出"色相/饱和度"对话框，设置如图 8-65 所示。单击"确定"按钮，效果如图 8-66 所示。

图 8-64

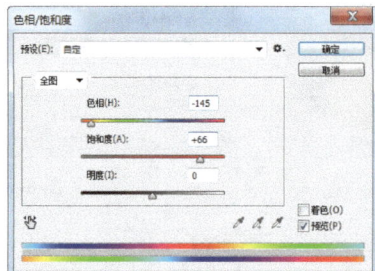
图 8-65

图 8-66

预设：用于选择要调整的色彩范围，可以通过拖曳各选项中的滑块来调整图像的色相、饱和度和明度。着色：用于在由灰度模式转换而来的色彩模式图像中填充需要的颜色。

原始图像如图 8-67 所示。在"色相/饱和度"对话框中进行设置，勾选"着色"复选框，如图 8-68 所示。单击"确定"按钮，图像效果如图 8-69 所示。

图 8-67

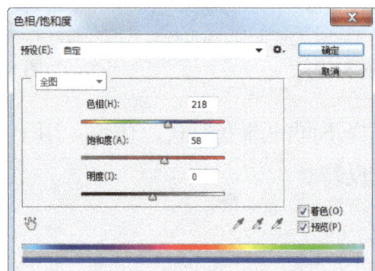
图 8-68

图 8-69

功能介绍

可选颜色命令：用于将图像中的颜色替换成选择后的颜色。

曝光度命令：用于调整图像的曝光度。

8.1.16　课堂案例——制作暖色调生活照片

【案例学习目标】学习使用不同的调色命令调整图片的颜色。

【案例知识要点】使用可选颜色命令和曝光度命令调整图片的颜色，使用横排文字工具添加文字，最终效果如图 8-70 所示。

【效果所在位置】Ch08\效果\制作暖色调生活照片.psd。

图 8-70

（1）按 Ctrl+O 组合键，打开本书学习资源中的"Ch08 \ 素材 \ 制作暖色调生活照片 \ 01"文件，如图 8-71 所示。将"背景"图层拖曳到"图层"控制面板下方的"创建新图层"按钮 上进行复制，生成新的 "背景 副本"图层，如图 8-72 所示。

图 8-71　　　　　　　　　图 8-72

（2）选择"图像 > 调整 > 可选颜色"命令，在弹出的对话框中进行设置，如图 8-73 所示。单击"颜色"选项右侧的 按钮，在下拉列表中选择"黄色"选项，具体设置如图 8-74 所示。单击"颜色"选项右侧的 按钮，在下拉列表中选择"黑色"选项，具体设置如图 8-75 所示，单击"确定"按钮，效果如图 8-76 所示。

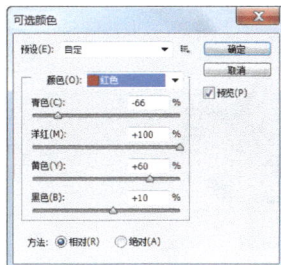
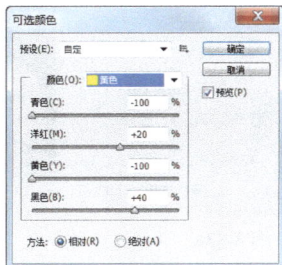
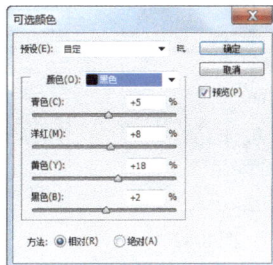

图 8-73　　　　　　　图 8-74　　　　　　　图 8-75　　　　　　　图 8-76

（3）选择"图像 > 调整 > 曝光度"命令，在弹出的对话框中进行设置，如图 8-77 所示，单击"确定"按钮，效果如图 8-78 所示。

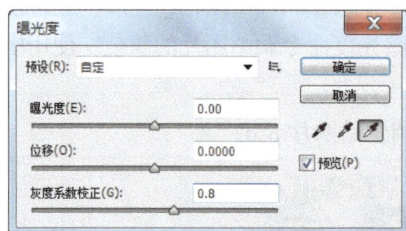 

图 8-77　　　　　　　　　　　　　　图 8-78

（4）将前景色设为肤色（其 R、G、B 的值分别为 255、214、183）。选择横排文字工具 T.，输入需要的文字并选取文字，在属性栏中选择合适的字体并设置文字的大小，效果如图 8-79 所示。按 Ctrl+T 组合键，弹出"字符"面板，选项的设置如图 8-80 所示，文字效果如图 8-81 所示。

 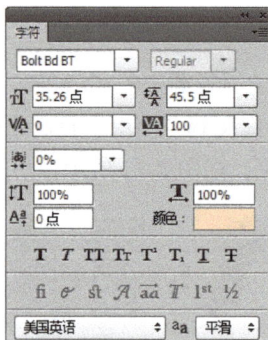 

图 8-79　　　　　　　　　　　图 8-80　　　　　　　　　　　图 8-81

（5）将前景色设为深灰色（其 R、G、B 的值分别为 40、3、6）。选择横排文字工具 T.，单击属性栏中的"居中对齐文字"按钮 ≣，输入需要的文字并选取文字，在属性栏中选择合适的字体并设置文字的大小，效果如图 8-82 所示。在"字符"面板中，选项的设置如图 8-83 所示，效果如图 8-84 所示。暖色调生活照片制作完成。

 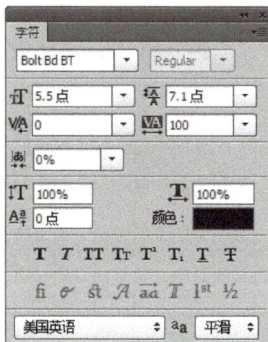 

图 8-82　　　　　　　　　　　图 8-83　　　　　　　　　　　图 8-84

8.1.17　可选颜色

原始图像如图 8-85 所示。选择"图像 > 调整 > 可选颜色"命令，弹出"可选颜色"对话框，设置如图 8-86 所示。单击"确定"按钮，调整后的图像效果如图 8-87 所示。

 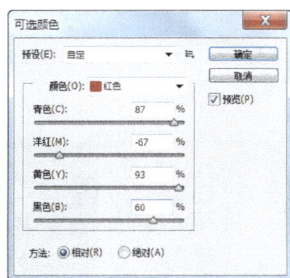 

图 8-85　　　　　　　　　　　图 8-86　　　　　　　　　　　图 8-87

颜色：在其下拉列表中可以选择图像中含有的不同色彩，可以通过拖曳滑块调整青色、洋红、黄色和黑色的百分比。方法：用于确定调整方法，有"相对"和"绝对"两个选项可供选择。

8.1.18　曝光度

原始图像如图 8-88 所示。选择"图像 > 调整 > 曝光度"命令，在弹出的"曝光度"对话框中进行设置，如图 8-89 所示。单击"确定"按钮，即可调整图像的曝光度，效果如图 8-90 所示。

 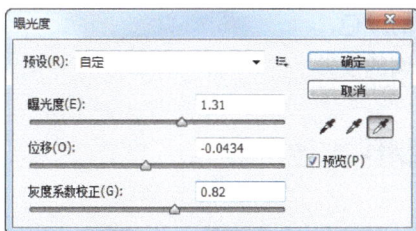 

图 8-88　　　　　　　　　　　图 8-89　　　　　　　　　　　图 8-90

曝光度：调整色彩范围的高光端，对极限阴影的影响很轻微。位移：使阴影和中间调变暗，对高光的影响很轻微。灰度系数校正：使用乘方函数调整图像的灰度系数。

8.1.19　照片滤镜

照片滤镜命令用于模仿传统相机的滤镜调整图片颜色，生成特殊的色彩效果。

选择"图像 > 调整 > 照片滤镜"命令，弹出"照片滤镜"对话框，如图 8-91 所示。

滤镜：用于选择颜色调整的过滤模式。颜色：单击此选项右侧的色块，弹出"拾色器"对话框，可以在对话框中设置颜色对图像进行过滤。浓度：拖曳此选项的滑块，可以设置过滤颜色的百分比。

保留明度：勾选此复选框，可以保持图像的明度不变；取消勾选此复选框，则会因添加滤镜效果而使图像的色调变暗，如图 8-92 和图 8-93 所示。

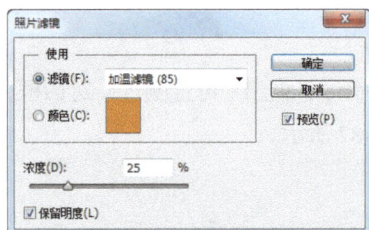
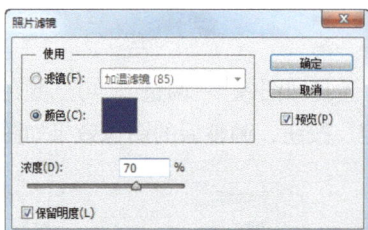

图 8-91 　　　　　　　　　　　　　　　　　　　图 8-92

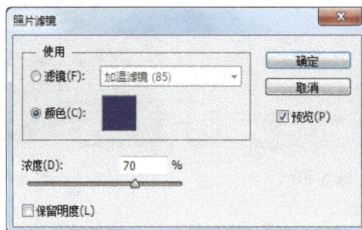
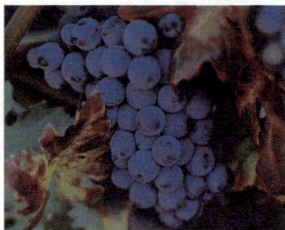

图 8-93

8.2　特殊颜色处理命令

应用特殊颜色处理命令可以使图像产生丰富的变化。

功能介绍

去色命令：能够去除图像中的颜色。

阈值命令：可以增大图像色调的反差。

8.2.1　课堂案例——制作吉他广告

【案例学习目标】学习使用不同的调色命令调整图像颜色，使用特殊颜色处理命令制作特殊效果。

【案例知识要点】使用去色命令将图像去色，使用色阶命令和阈值命令调整图片的色调，使用自定形状工具制作图案，最终效果如图 8-94 所示。

【效果所在位置】Ch08\效果\制作吉他广告.psd。

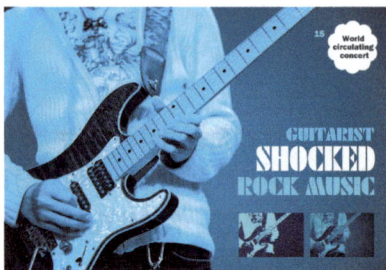

图 8-94

（1）按 Ctrl + O 组合键，打开本书学习资源中的"Ch08 \ 素材 \ 制作吉他广告 \ 01"文件，如图 8-95 所示。将"背景"图层拖曳到"图层"控制面板下方的"创建新图层"按钮  上进行复制，生成新的副本图层，将其命名为"吉他"。选择"图像 > 调整 > 去色"命令，效果如图 8-96 所示。

图 8-95　　　　　　　　　　　　图 8-96

（2）新建图层并将其命名为"蓝色块"。将前景色设为蓝色（其 R、G、B 的值分别为 0、187、255）。按 Alt+Delete 组合键，用前景色填充"蓝色块"图层，效果如图 8-97 所示。在"图层"控制面板中，将"蓝色块"图层的混合模式选项设为"叠加"，如图 8-98 所示，图像效果如图 8-99 所示。

图 8-97　　　　　　　图 8-98　　　　　　　图 8-99

（3）将"吉他"图层两次拖曳到"图层"控制面板下方的"创建新图层"按钮 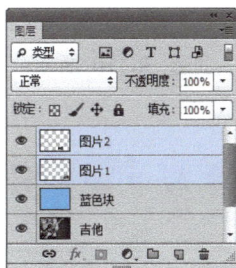 上进行复制，生成新的副本图层，将其分别命名为"图片 1""图片 2"，并拖曳到"蓝色块"图层上方，如图 8-100 所示。选择移动工具 ，在图像窗口中调整图片的位置及大小，效果如图 8-101 所示。

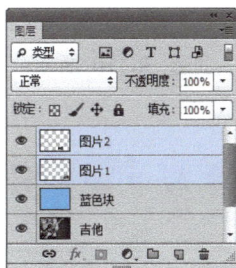

图 8-100　　　　　　　　　　　图 8-101

（4）选择"图片 1"图层。选择"图像 > 调整 > 色阶"命令，在弹出的对话框中进行设置，如图 8-102 所示，单击"确定"按钮，效果如图 8-103 所示。将该图层的混合模式选项设为"叠加"，如图 8-104 所示，图像效果如图 8-105 所示。

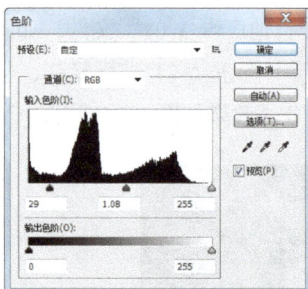
图 8-102

图 8-103

图 8-104

图 8-105

（5）选择"图片 2"图层。选择"图像 > 调整 > 阈值"命令，在弹出的对话框中进行设置，如图 8-106 所示，单击"确定"按钮，效果如图 8-107 所示。将该图层的混合模式选项设为"叠加"，如图 8-108 所示，图像效果如图 8-109 所示。

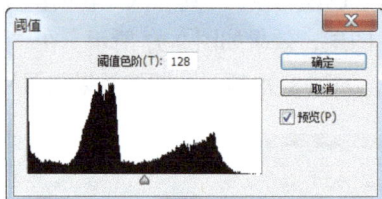
图 8-106

图 8-107

图 8-108

图 8-109

（6）新建图层并将其命名为"装饰"。将前景色设为白色。选择自定形状工具 ，单击属性栏中"形状"选项右侧的 按钮，在弹出的面板中选择需要的图形，如图 8-110 所示。选中属性栏中的"像素"选项，在图像窗口的上方绘制图形，效果如图 8-111 所示。

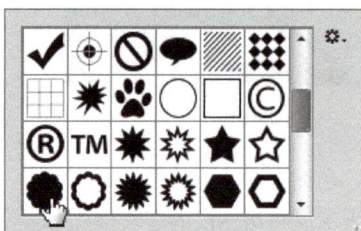
图 8-110

图 8-111

（7）选择横排文字工具 ，在图像窗口中分别输入需要的文字并选取文字，在属性栏中分别选择合适的字体并设置文字大小，效果如图 8-112 所示。吉他广告制作完成，效果如图 8-113 所示。

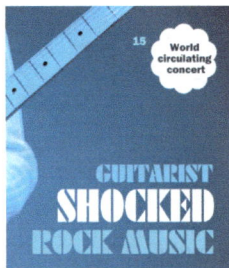
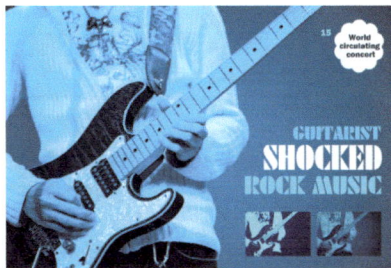

图 8-112   图 8-113

8.2.2 去色

去色命令可以对图像进行去色处理。

选择"图像 > 调整 > 去色"命令，或按 Shift+Ctrl+U 组合键，可以去掉图像中的色彩，使图像变为灰度图，但图像的色彩模式并不改变。

8.2.3 阈值

原始图像如图 8-114 所示。选择"图像 > 调整 > 阈值"命令，弹出"阈值"对话框，在对话框中拖曳滑块或在"阈值色阶"的数值框中输入数值，可以改变图像的阈值，如图 8-115 所示。单击"确定"按钮，图像效果如图 8-116 所示。系统将使大于阈值的像素变为白色，小于阈值的像素变为黑色。

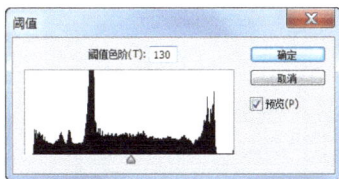

图 8-114   图 8-115   图 8-116

8.2.4 色调分离

色调分离命令用于指定图像中的色阶数，将像素映射到最接近的匹配级别。

原始图像如图 8-117 所示。选择"图像 > 调整 > 色调分离"命令，弹出"色调分离"对话框，设置如图 8-118 所示，单击"确定"按钮，图像效果如图 8-119 所示。

图 8-117

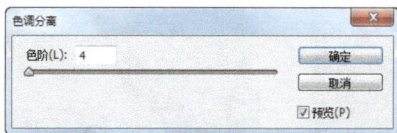
图 8-118

图 8-119

色阶：用于指定色阶数值，系统将以 256 阶的亮度对图像中的像素亮度进行分配。色阶数值越高，图像产生的变化越小。

8.2.5　替换颜色

替换颜色命令能够将图像中的颜色进行替换。

原始图像如图 8-120 所示。选择"图像 > 调整 > 替换颜色"命令，弹出"替换颜色"对话框。用吸管工具在图像中吸取要替换的背景颜色，单击 "结果"选项上面的色块，弹出"拾色器"对话框。将要替换的颜色设置为红色，设置"替换"选项组中的其他选项，调整图像的色相、饱和度和明度，如图 8-121 所示。单击"确定"按钮，棕色的背景被替换为红色的背景，效果如图 8-122 所示。

图 8-120

图 8-121

图 8-122

选区：用于设置"颜色容差"选项的数值，数值越大，吸管工具取样的颜色范围越大，在"替换"选项组中调整图像颜色的效果越明显。勾选"选区"单选项，可以创建蒙版。

功能介绍

通道混和器命令：用于调整图像通道中的颜色。

8.2.6　课堂案例——制作特殊艺术照片

【案例学习目标】学习使用选取工具、创建新的填充或调整图层命令制作需要的效果。

【案例知识要点】使用矩形选框工具、渐变命令和通道混和器命令制作艺术照片，最终效果如图

8-123 所示。

【效果所在位置】Ch08\效果\制作特殊艺术照片.psd。

图 8-123

（1）按 Ctrl + O 组合键，打开本书学习资源中的"Ch08 \ 素材 \ 制作特殊艺术照片 \ 01"文件，如图 8-124 所示。选择矩形选框工具，在图像窗口中适当的位置绘制一个矩形选区，效果如图 8-125 所示。

图 8-124　　　　　　　　　　　　　图 8-125

（2）单击"图层"控制面板下方的"创建新的填充或调整图层"按钮，在弹出的菜单中选择"渐变填充"命令，生成"渐变填充 1"图层。同时弹出"渐变填充"对话框，单击"点按可编辑渐变"选项右面的按钮，选择需要的渐变，如图 8-126 所示，其他选项的设置如图 8-127 所示，单击"确定"按钮，效果如图 8-128 所示。

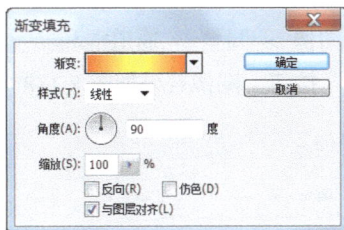
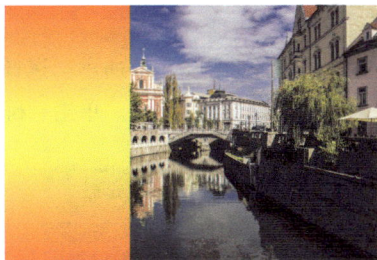

图 8-126　　　　　　　　　　图 8-127　　　　　　　　　　图 8-128

（3）在"图层"控制面板中，将"渐变填充 1"图层的混合模式选项设为"柔光"，如图 8-129 所示，图像效果如图 8-130 所示。

（4）选择矩形选框工具，在图像窗口中适当的位置绘制一个矩形选区，效果如图 8-131 所示。

图 8-129　　　　　　　　　　图 8-130　　　　　　　　　　图 8-131

（5）单击"图层"控制面板下方的"创建新的填充或调整图层"按钮 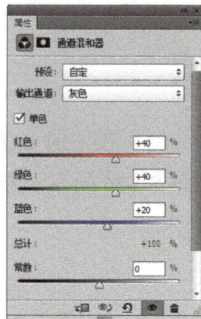 ，在弹出的菜单中选择"通道混和器"命令，生成"通道混和器 1"图层。同时在弹出的"通道混和器"面板中进行设置，如图 8-132 所示，效果如图 8-133 所示。

（6）选择横排文字工具 T ，在图像窗口中适当的位置输入需要的文字，并设置文字的颜色和大小，效果如图 8-134 所示。特殊艺术照片制作完成，效果如图 8-135 所示。

图 8-132

图 8-133　　　　　　　　　　图 8-134　　　　　　　　　　图 8-135

8.2.7　通道混和器

原始图像如图 8-136 所示。选择"图像 > 调整 > 通道混和器"命令，弹出"通道混和器"对话框，设置如图 8-137 所示。单击"确定"按钮，图像效果如图 8-138 所示。

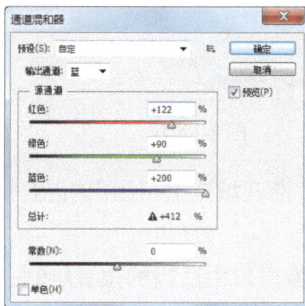
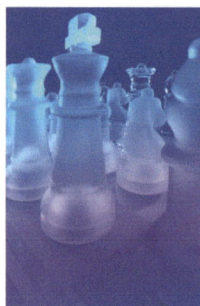

图 8-136　　　　　　　　　　图 8-137　　　　　　　　　　图 8-138

输出通道：可以选择要修改的通道。源通道：用来设置输出通道中源通道所占的百分比。常数：用来调整输出通道的灰度百分比。单色：勾选该选项，可创建灰度模式的图像。

8.2.8　匹配颜色

匹配颜色命令可以将一个图像的颜色与另一个图像的颜色相匹配，通过该命令，我们可以使多个图像或照片的颜色保持一致。

打开两张颜色不同的图片，如图 8-139 和图 8-140 所示。选择需要调整的图片，选择"图像 > 调整 > 匹配颜色"命令，弹出"匹配颜色"对话框，在"源"选项中选择匹配文件的名称，再设置其他选项，如图 8-141 所示，单击"确定"按钮，效果如图 8-142 所示。

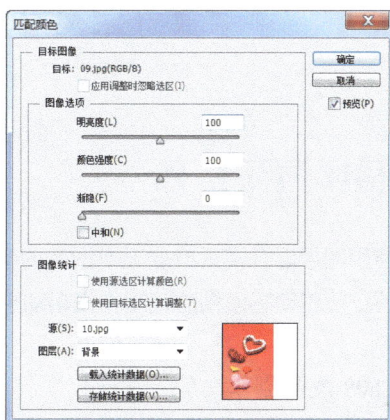

图 8-139　　　　　　图 8-140　　　　　　　　　图 8-141　　　　　　　　　图 8-142

目标图像："目标"选项显示了所选择匹配文件的名称。如果当前调整的图像中有选区，勾选"应用调整时忽略选区"复选框，可以忽略图中的选区，调整整张图像的颜色；如果不勾选"应用调整时忽略选区"复选框，可以调整图像中选区内的颜色，效果如图 8-143 和图 8-144 所示。图像选项：可以通过拖曳滑块来调整图像的明亮度、颜色强度、渐隐的数值；勾选"中和"选项，可以消除图像中出现的色偏。图像统计：用于设置图像的颜色来源。

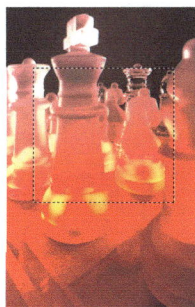

图 8-143　　　　　　图 8-144

课堂练习——制作音乐宣传单

【练习知识要点】使用阈值命令制作个性人物轮廓照片，使用钢笔工具勾选保留部位，最终效果如图 8-145 所示。

【效果所在位置】Ch08\效果\制作音乐宣传单.psd。

图 8-145

课后习题——制作汽车广告

【习题知识要点】使用图层混合模式改变天空图片的颜色，使用替换颜色命令改变图片的颜色，使用画笔工具绘制装饰花朵，使用动感模糊滤镜制作汽车动感模糊效果，使用图层样式制作文字特殊效果，最终效果如图 8-146 所示。

【效果所在位置】Ch08\效果\制作汽车广告.psd。

图 8-146

第9章 图层的应用

本章介绍

本章主要介绍图层的基本应用知识及应用技巧，包括图层的混合模式、图层样式、填充图层、调整图层和智能对象图层等内容。通过对本章的学习，读者可以用图层知识制作出多变的图像效果。

学习目标

- 掌握图层混合模式的应用技巧。
- 掌握图层样式的使用技巧。
- 掌握填充图层和调整图层的应用方法。
- 了解图层复合、盖印图层与智能对象图层。

技能目标

- 掌握"海底世界宣传照"的制作方法。
- 掌握"卡通图标"的制作方法。
- 掌握"生活壁画"的制作方法。
- 掌握"时尚艺术照片"的制作方法。

9.1 图层的混合模式

图层混合模式在图像处理及效果制作中被广泛应用，特别是在多个图像合成方面更有其独特的作用。

功能介绍

图层混合模式：用于设置当前图层中的图像与其下面图层中的图像以何种模式进行混合。

9.1.1 课堂案例——制作海底世界宣传照

【案例学习目标】学习使用图层混合模式和图层蒙版命令编辑图像效果。

【案例知识要点】使用图层混合模式调整图像颜色，使用添加图层蒙版命令和画笔工具编辑图像，最终效果如图 9-1 所示。

【效果所在位置】Ch09\效果\制作海底世界宣传照.psd。

图 9-1

（1）按 Ctrl+O 组合键，打开本书学习资源中的"Ch09 \ 素材 \ 制作海底世界宣传照 \ 01"文件，如图 9-2 所示。将"背景"图层拖曳到"图层"控制面板下方的"创建新图层"按钮 上进行复制，生成新的 "背景 副本"图层，如图 9-3 所示。在"图层"控制面板中，将该图层的混合模式选项设为"强光"，效果如图 9-4 所示。

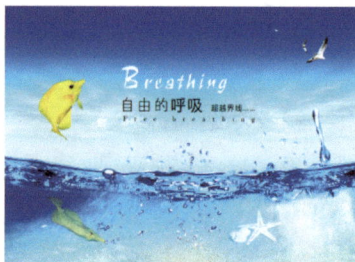

图 9-2   图 9-3   图 9-4

（2）单击"图层"控制面板下方的"添加图层蒙版"按钮 ，为"背景 副本"图层添加蒙版，如图 9-5 所示。将前景色设为黑色。选择画笔工具 ，在属性栏中单击"画笔"选项右侧的 按钮，在弹出的画笔选择面板中选择需要的画笔形状，如图 9-6 所示。在图像窗口中拖曳鼠标擦除不需要的图像，效果如图 9-7 所示。海底世界宣传照制作完成。

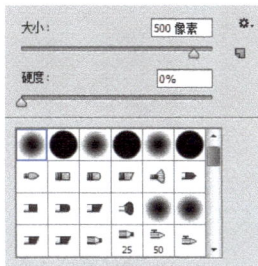

图 9-5   图 9-6   图 9-7

9.1.2 图层混合模式

在"图层"控制面板中，"设置图层的混合模式"选项 `正常 ⬦` 用于设置图层的混合模式，它包含 27 种模式。

打开一幅图像，如图 9-8 所示，"图层"控制面板如图 9-9 所示。

图 9-8   图 9-9

在对"图片"图层应用不同的混合模式后，图像效果如图 9-10 所示。

正常   溶解   变暗   正片叠底

颜色加深   线性加深   深色   变亮

图 9-10

滤色	颜色减淡	线性减淡（添加）	浅色
叠加	柔光	强光	亮光
线性光	点光	实色混合	差值
排除	减去	划分	色相

饱和度	颜色	明度

图 9-10（续）

9.2　图层样式

图层样式用于为图层添加不同的效果，使图层中的图像产生丰富的变化。

功能介绍

图层样式：应用图层样式可以为图像添加投影、外发光、斜面和浮雕等效果，制作出特殊效果的图像。

9.2.1　课堂案例——制作卡通图标

【案例学习目标】学习使用多种图层样式制作需要的效果。

【案例知识要点】使用图层混合模式制作背景效果，使用图层样式制作卡通图标，使用横排文字工具添加文字，最终效果如图 9-11 所示。

【效果所在位置】Ch09\效果\制作卡通图标.psd。

图 9-11

（1）按 Ctrl+N 组合键，新建一个文件，宽度为 10 厘米，高度为 6 厘米，分辨率为 300 像素/英寸，颜色模式为 RGB，背景内容为白色。将前景色设为紫色（其 R、G、B 的值分别为 157、0、222）。按 Alt+Delete 组合键，用前景色填充"背景"图层，效果如图 9-12 所示。

（2）按 Ctrl + O 组合键，打开本书学习资源中的"Ch09\ 素材 \ 制作卡通图标 \ 01"文件，选择移动工具，将 01 图片拖曳到图像窗口中适当的位置，效果如图 9-13 所示。此时，"图层"控制面板中生成新的图层，将其命名为"底图"。

图 9-12

图 9-13

（3）在"图层"控制面板中，将"底图"图层的混合模式选项设为"变亮"，如图 9-14 所示，图像效果如图 9-15 所示。

图 9-14　　　　　　　　　　　　　　　图 9-15

（4）按 Ctrl + O 组合键，打开本书学习资源中的"Ch09 \ 素材 \ 制作卡通图标 \ 02"文件，选择移动工具，将 02 图片拖曳到图像窗口中适当的位置并调整其大小，效果如图 9-16 所示。此时，"图层"控制面板中生成新的图层，将其命名为"小狗"。

（5）单击"图层"控制面板下方的"添加图层样式"按钮，在弹出的菜单中选择"斜面和浮雕"命令，在弹出的对话框中进行设置，如图 9-17 所示，单击"确定"按钮，效果如图 9-18 所示。

图 9-16 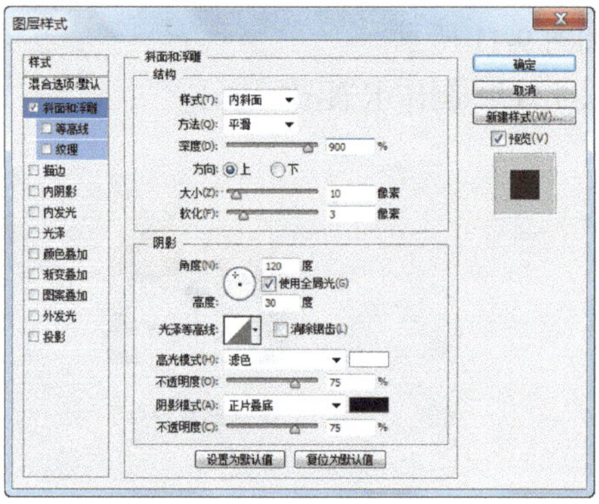　　　　　　　　　　　　　　图 9-17 　　　　　　　　　　　　　　图 9-18

（6）单击"图层"控制面板下方的"添加图层样式"按钮，在弹出的菜单中选择"渐变叠加"命令，在弹出的对话框中进行设置，如图 9-19 所示，单击"确定"按钮，效果如图 9-20 所示。

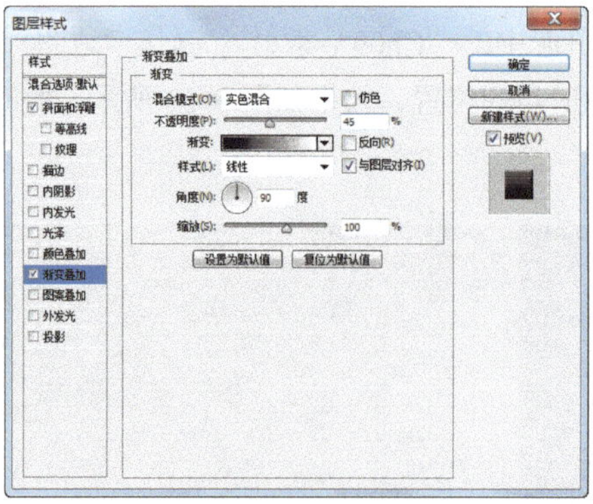

图 9-19 　　　　　　　　　　　　　　图 9-20

（7）单击"图层"控制面板下方的"添加图层样式"按钮，在弹出的菜单中选择"外发光"命令，弹出对话框，将发光颜色设为橘黄色（其 R、G、B 的值分别为 255、150、0），其他选项的设置如图 9-21 所示，单击"确定"按钮，效果如图 9-22 所示。

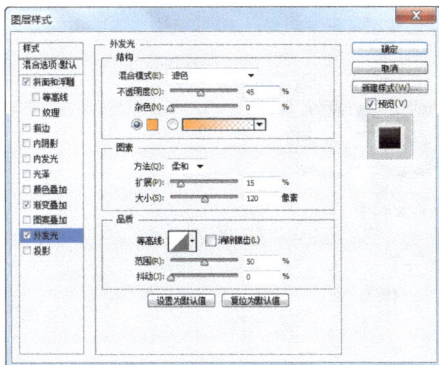

图 9-21   图 9-22

（8）将前景色设为黑色。选择横排文字工具 $\boxed{T}$ ，在适当的位置输入需要的文字并选取文字，在属性栏中选择合适的字体并设置文字大小，效果如图 9-23 所示。选取需要的文字，按 Ctrl+T 组合键，弹出"字符"面板，将"水平缩放"选项 $\boxed{T}$ $\boxed{100\%}$ 设置为 90%，其他选项的设置如图 9-24 所示，效果如图 9-25 所示。

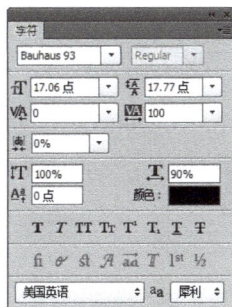

图 9-23   图 9-24   图 9-25

（9）单击"图层"控制面板下方的"添加图层样式"按钮 $\boxed{fx}$ ，在弹出的菜单中选择"描边"命令，弹出对话框，将描边颜色设为淡紫色（其 R、G、B 的值分别为 229、200、222），其他选项的设置如图 9-26 所示；选择"内发光"选项，切换到相应的对话框，将发光颜色设为淡紫色（其 R、G、B 的值分别为 229、200、222），其他选项的设置如图 9-27 所示，单击"确定"按钮。卡通图标制作完成，效果如图 9-28 所示。

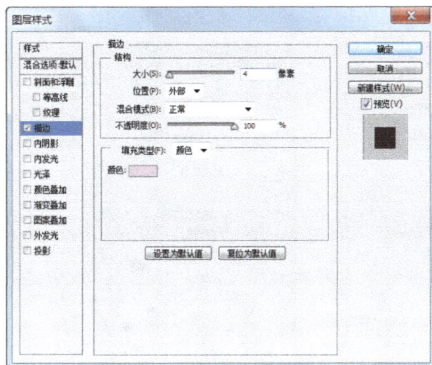
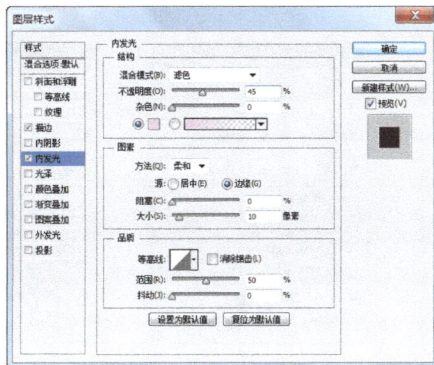

图 9-26   图 9-27

图 9-28

9.2.2 "样式"控制面板

"样式"控制面板用于存储各种图层特效，并将其快速地套用在要编辑的对象中，这样可以节省操作步骤和操作时间。

选择要添加样式的文字，如图 9-29 所示。选择"窗口 > 样式"命令，弹出"样式"控制面板，单击控制面板右上方的 ▼ 按钮，在弹出的菜单中选择"Web 样式"命令，弹出提示对话框，如图 9-30 所示，单击"追加"按钮，样式被载入控制面板中。选择"黄色回环"样式，如图 9-31 所示，文字被添加上样式，效果如图 9-32 所示。

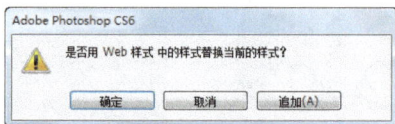

图 9-29 图 9-30

图 9-31 图 9-32

样式添加完成后，"图层"控制面板如图 9-33 所示。如果要删除其中某个样式，将其直接拖曳到"图层"控制面板下方的"删除图层"按钮 🗑 上即可，如图 9-34 所示，删除后的效果如图 9-35 所示。

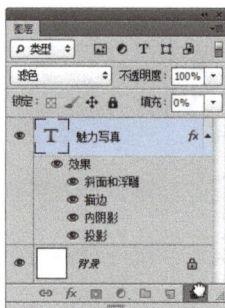
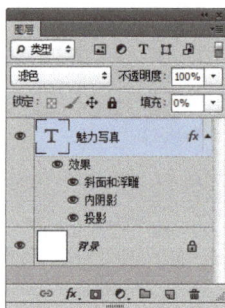

图 9-33 图 9-34 图 9-35

9.2.3　图层样式

Photoshop CS6 提供了多种图层样式。可以单独为图像添加一种样式，还可以同时为图像添加多种样式。

单击"图层"控制面板右上方的按钮，在弹出的菜单中选择"混合选项"命令，弹出相应的对话框，如图 9-36 所示。此对话框用于对当前图层进行特殊效果的设置。

还可以单击"图层"控制面板下方的"添加图层样式"按钮 *fx.*，打开下拉菜单，选择一个效果命令，如图 9-37 所示。

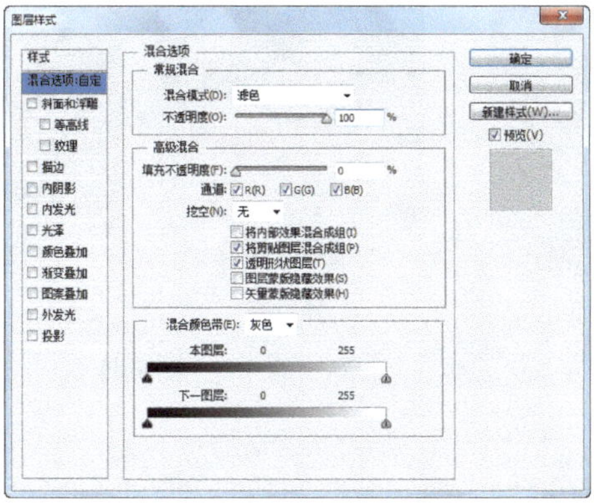

图 9-36 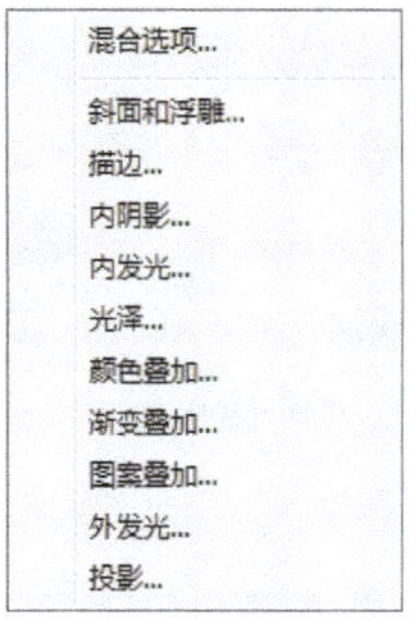　　　　　　　　　　　　　图 9-37

斜面和浮雕命令用于使图像产生一种倾斜与浮雕的效果，描边命令用于为图像描边，内阴影命令用于使图像内部产生阴影效果，如图 9-38 所示。

斜面和浮雕　　　　　　　描边　　　　　　　内阴影

图 9-38

内发光命令用于在图像的边缘内部产生一种辉光效果，光泽命令用于使图像产生一种光泽效果，颜色叠加命令用于使图像产生一种颜色叠加效果，如图 9-39 所示。

渐变叠加命令用于使图像产生一种渐变叠加效果，图案叠加命令用于在图像上添加图案效果，如图 9-40 所示。外发光命令用于在图像的边缘外部产生一种辉光效果，投影命令用于使图像产生阴影效果，如图 9-41 所示。

内发光 　　　　　 光泽 　　　　　 颜色叠加

图 9-39

渐变叠加 　　　 图案叠加 　　　　　 外发光 　　　　　 投影

图 9-40 　　　　　　　　　　　　　　　　 图 9-41

9.3　填充图层和调整图层

应用填充和调整图层可以对图像进行填充和调整，使图像产生不同的效果。

功能介绍

填充和调整图层：可以为现有图层添加一系列的特殊效果。

9.3.1　课堂案例——制作生活壁画

【案例学习目标】学习使用填充或调整图层调整图片颜色。

【案例知识要点】使用描边命令为图片添加边框，使用色彩平衡命令、色阶命令和照片滤镜命令调整图片的颜色，最终效果如图 9-42 所示。

【效果所在位置】Ch09\效果\制作生活壁画.psd。

图 9-42

（1）按 Ctrl + O 组合键，打开本书学习资源中的"Ch09 \ 素材 \ 制作生活壁画 \ 01"文件，如图 9-43 所示。双击"背景"图层，在弹出的"新建图层"对话框中进行设置，如图 9-44 所示，单击"确定"按钮。此时，"背景"图层被转换为"底图"图层。

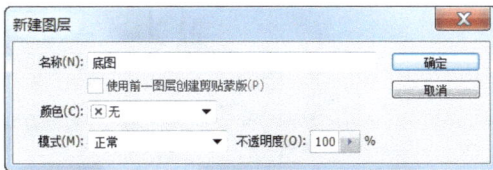

图 9-43　　　　　　　　　　　　　　　　　　图 9-44

（2）单击"图层"控制面板下方的"添加图层样式"按钮 **fx.**，在弹出的菜单中选择"描边"命令，弹出对话框，将描边颜色设为白色，其他选项的设置如图 9-45 所示，单击"确定"按钮，效果如图 9-46 所示。

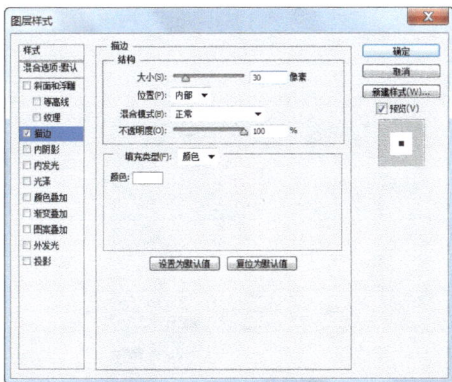

图 9-45　　　　　　　　　　　　　　　　　　图 9-46

（3）单击"图层"控制面板下方的"创建新的填充或调整图层"按钮 **○.**，在弹出的菜单中选择"色彩平衡"命令，生成"色彩平衡 1"图层。同时在弹出的"色彩平衡"面板中进行设置，如图 9-47 所示，图像效果如图 9-48 所示。

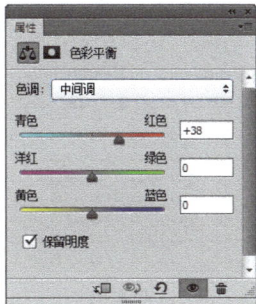

图 9-47　　　　　　　　　　　　　　　　　　图 9-48

（4）单击"图层"控制面板下方的"创建新的填充或调整图层"按钮 **○.**，在弹出的菜单中选择"色阶"命令，生成"色阶1"图层。同时在弹出的"色阶"面板中进行设置，如图 9-49 所示，图像效果如图 9-50 所示。

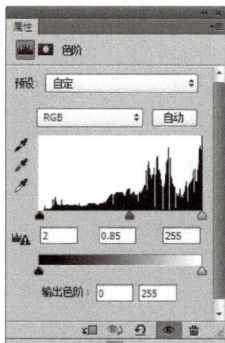 

图 9-49   图 9-50

（5）单击"图层"控制面板下方的"创建新的填充或调整图层"按钮 ◉，在弹出的菜单中选择"照片滤镜"命令，生成"照片滤镜1"图层。同时在弹出的"照片滤镜"面板中进行设置，如图 9-51 所示，图像效果如图 9-52 所示。

图 9-51   图 9-52

（6）将前景色设为白色。选择直排文字工具 ⊥，在适当的位置分别输入需要的文字并选取文字，在属性栏中选择合适的字体并设置文字大小，效果如图 9-53 所示。此时，"图层"控制面板中分别生成新的文字图层，如图 9-54 所示。生活壁画制作完成。

 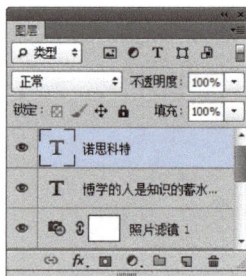

图 9-53   图 9-54

9.3.2　填充图层

当需要新建填充图层时，选择"图层 > 新建填充图层"命令，或单击"图层"控制面板下方的"创建新的填充或调整图层"按钮 ，弹出填充图层的 3 种方式，如图 9-55 所示。选择其中的一种方式，将弹出"新建图层"对话框，如图 9-56 所示。单击"确定"按钮，将根据选择的填充方式弹出不同的填充对话框，以"渐变填充"为例，如图 9-57 所示。单击"确定"按钮，"图层"控制面板和图像的效果分别如图 9-58 和图 9-59 所示。

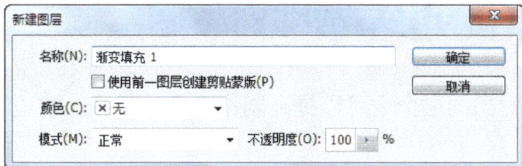
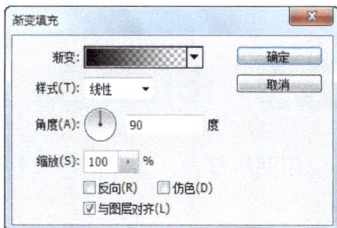

图 9-55　　　　　　　　图 9-56　　　　　　　　　　　　　　图 9-57

图 9-58　　　　　　　　　图 9-59

9.3.3　调整图层

当需要对一个或多个图层进行色彩调整时，选择"图层 > 新建调整图层"命令，或单击"图层"控制面板下方的"创建新的填充或调整图层"按钮 ，弹出调整图层的多种方式，如图 9-60 所示。选择其中的一种方式，将弹出"新建图层"对话框，如图 9-61 所示。选择不同的调整方式，将弹出不同的调整面板，以"色相/饱和度"为例，如图 9-62 所示。按 Enter 键确认操作，"图层"控制面板和图像的效果分别如图 9-63 和图 9-64 所示。

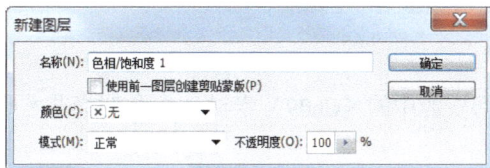
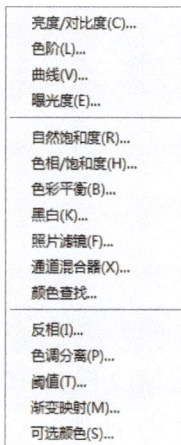

图 9-61　　　　　　　　　　　　　　　　　　　　　　图 9-60

图 9-62

图 9-63

图 9-64

9.4 图层复合、盖印图层与智能对象图层

应用图层复合、盖印图层与智能对象图层命令可以提高制作图像的效率，快速得到丰富多样的图像效果。

功能介绍

图层复合：将同一文件中的不同图层效果组合并另存为多个"图层效果组合"，可以对不同图层复合中的效果进行比对。

盖印图层：将图像窗口中当前显示出来的所有图像合并到一个新的图层中。

9.4.1 课堂案例——制作时尚艺术照片

【案例学习目标】学习使用图层面板和图层复合面板制作时尚效果。

【案例知识要点】使用置入命令和图层混合模式选项合成背景图片，使用多种调整命令和图层复合面板制作不同的复合效果，使用横排文字工具添加文字，最终效果如图 9-65 所示。

【效果所在位置】Ch09\效果\制作时尚艺术照片.psd。

图 9-65

（1）按 Ctrl+O 组合键，打开本书学习资源中的"Ch09 \ 素材 \ 制作时尚艺术照片 \ 01"文件，如图 9-66 所示。

（2）选择"文件 > 置入"命令，弹出"置入"对话框，选择本书学习资源中的"Ch09 \ 素材 \ 制作时尚艺术照片 \ 02"文件，单击"置入"按钮，将图片置入图像窗口中。选择移动工具 ，将图片拖曳到适当的位置并调整其大小，按 Enter 键确认操作，效果如图 9-67 所示。此时，"图层"控制面板中会生成新的智能对象图层，将其命名为"纹理 1"。

图 9-66   图 9-67

（3）在"图层"控制面板中，将"纹理 1"智能对象图层的混合模式选项设为"叠加"，如图 9-68 所示，图像效果如图 9-69 所示。

图 9-68   图 9-69

（4）按 Ctrl + O 组合键，打开本书学习资源中的"Ch09 \ 素材 \ 制作时尚艺术照片 \ 03"文件。选择移动工具 ，将纹理图片拖曳到图像窗口中适当的位置，效果如图 9-70 所示 。此时，"图层"控制面板中会生成新的图层，将其命名为"纹理 2"。

（5）单击"图层"控制面板下方的"创建新的填充或调整图层"按钮 ，在弹出的菜单中选择"色相/饱和度"命令，生成"色相/饱和度 1"图层。同时在弹出的"色相/饱和度"面板中进行设置，如图 9-71 所示，效果如图 9-72 所示。

 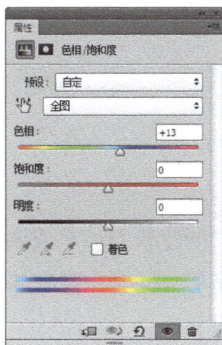 

图 9-70   图 9-71   图 9-72

（6）选择"窗口 > 图层复合"命令，弹出"图层复合"控制面板，如图 9-73 所示。单击面板下方的"创建新的图层复合"按钮 ，弹出"新建图层复合"对话框，如图 9-74 所示，单击"确定"按钮，面板如图 9-75 所示。

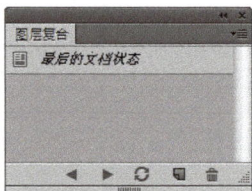
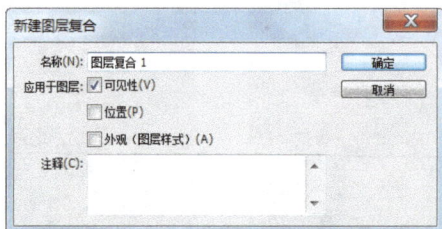
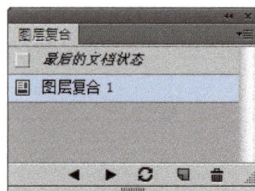

图 9-73   图 9-74   图 9-75

（7）单击"图层"控制面板下方的"创建新的填充或调整图层"按钮 ，在弹出的菜单中选择"色相/饱和度"命令，生成"色相/饱和度 2"图层。同时在弹出的"色相/饱和度"面板中进行设置，如图 9-76 所示，效果如图 9-77 所示。

图 9-76   图 9-77

（8）单击"图层复合"控制面板下方的"创建新的图层复合"按钮 ，弹出"新建图层复合"对话框，如图 9-78 所示，单击"确定"按钮，面板如图 9-79 所示。

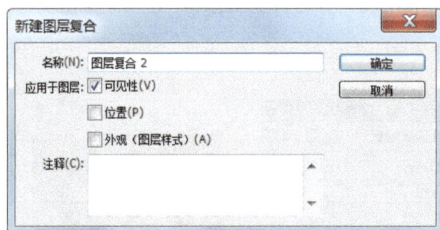
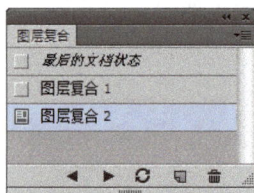

图 9-78   图 9-79

（9）单击"图层"控制面板下方的"创建新的填充或调整图层"按钮 ，在弹出的菜单中选择"照片滤镜"命令，生成"照片滤镜 1"图层。同时在弹出的"照片滤镜"面板中进行设置，如图 9-80 所示，效果如图 9-81 所示。

（10）单击"图层复合"控制面板下方的"创建新的图层复合"按钮 ，弹出"新建图层复合"

对话框，如图 9-82 所示，单击"确定"按钮，面板如图 9-83 所示。

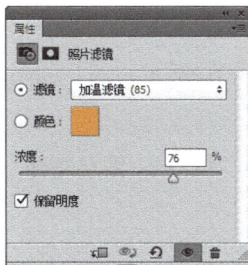

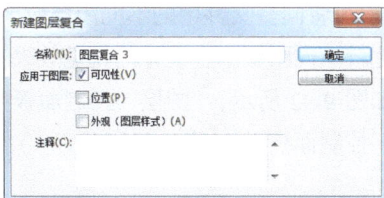
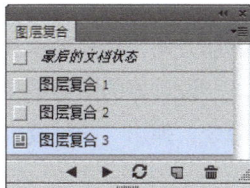

图 9-80　　　　　　　　图 9-81　　　　　　　　　　　图 9-82　　　　　　　　　　图 9-83

（11）按 Alt+Shift+Ctrl+E 组合键，盖印图层并将其命名为"盖印可见图层"，如图 9-84 所示。在"图层"控制面板中，将该图层的混合模式选项设为"滤色"，如图 9-85 所示，图像效果如图 9-86 所示。

（12）将前景色设为白色。选择横排文字工具 T，在适当的位置分别输入需要的文字并选取文字，在属性栏中选择合适的字体并设置文字大小。按 Alt+向左方向键，调整文字间距，效果如图 9-87 所示。

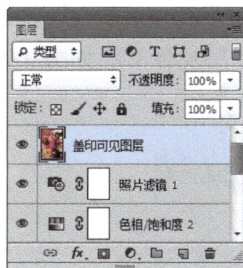

图 9-84　　　　　　　　图 9-85　　　　　　　　　图 9-86　　　　　　　　　图 9-87

（13）在"图层复合"控制面板中，单击"图层复合 2"左侧的方框，显示 🔲 图标，如图 9-88 所示，可以观察"图层复合 2"中的图像，如图 9-89 所示。单击"最后的文档状态"左侧的方框，显示 🔲 图标，如图 9-90 所示，可以观察最后生成的图像，如图 9-91 所示。时尚艺术照片制作完成。

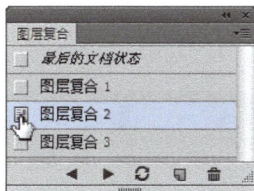

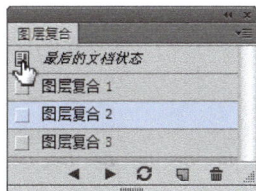

图 9-88　　　　　　　　图 9-89　　　　　　　　　图 9-90　　　　　　　　　图 9-91

9.4.2 图层复合

1. "图层复合"控制面板

"图层复合"控制面板可将同一文件中的不同图层效果组合并另存为多个"图层效果组合"，可以更加方便快捷地展示和比较不同图层组合设计的视觉效果。

设计好的图像效果如图 9-92 所示，"图层"控制面板如图 9-93 所示。选择"窗口 > 图层复合"命令，弹出"图层复合"控制面板，如图 9-94 所示。

  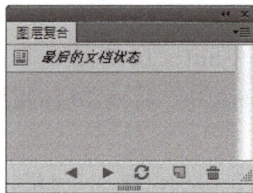

图 9-92   图 9-93   图 9-94

2. 创建图层复合

单击"图层复合"控制面板右上方的 ▼≡ 按钮，在弹出的菜单中选择"新建图层复合"命令，弹出"新建图层复合"对话框，如图 9-95 所示，单击"确定"按钮，建立"图层复合 1"，如图 9-96 所示，"图层复合 1"中存储的是当前的制作效果。

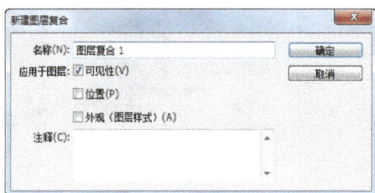 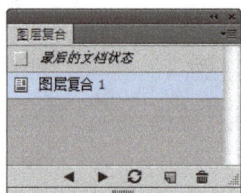

图 9-95   图 9-96

3. 应用和查看图层复合

再对图像进行修饰和编辑，图像效果如图 9-97 所示，"图层"控制面板如图 9-98 所示。单击"图层复合"控制面板右上方的 ▼≡ 按钮，在弹出的菜单中选择"新建图层复合"命令，弹出"新建图层复合"对话框，单击"确定"按钮，建立"图层复合 2"，如图 9-99 所示，"图层复合 2"中存储的是修饰编辑后的制作效果。

  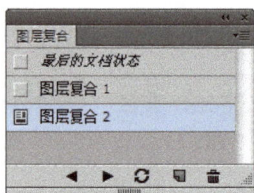

图 9-97   图 9-98   图 9-99

4．导出图层复合

在"图层复合"控制面板中，单击"图层复合 1"左侧的方框，显示▣图标，如图 9-100 所示，可以观察"图层复合 1"中的图像，如图 9-101 所示。单击"图层复合 2"左侧的方框，显示▣图标，如图 9-102 所示，可以观察"图层复合 2"中的图像，如图 9-103 所示。

单击"应用选中的上一图层复合"按钮 ◀ 和"应用选中的下一图层复合"按钮 ▶ ，可以快速地对两次的图像编辑效果进行比较。

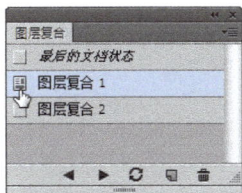  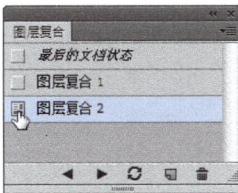 

图 9-100　　　　　　图 9-101　　　　　　图 9-102　　　　　　图 9-103

9.4.3　盖印图层

在"图层"控制面板中选中一个可见图层，如图 9-104 所示。按 Alt+Shift+Ctrl+E 组合键，将每个图层中的图像复制并合并到一个新的图层中，如图 9-105 所示。

图 9-104　　　　　　图 9-105

> **提示**　在执行此操作时，必须选择一个可见的图层，否则将无法实现此操作。

9.4.4　智能对象图层

智能对象全称为智能对象图层。智能对象可以将一个或多个图层，甚至是一个矢量图形文件包含在 Photoshop 文件中。以智能对象形式嵌入 Photoshop 文件中的位图或矢量文件，与当前的 Photoshop 文件能够保持相对的独立性。当对 Photoshop 文件进行修改或对智能对象进行变形、旋转时，不会影响嵌入的位图或矢量文件。

1．创建智能对象

选择"文件 > 置入"命令，为当前的图像文件置入一个矢量文件或位图文件。

选中一个或多个图层后，选择"图层 > 智能对象 > 转换为智能对象"命令，可以将选中的图层转换为智能对象图层。

在 Illustrator 软件中对矢量对象进行复制，再回到 Photoshop 软件中将复制的对象进行粘贴。

2．编辑智能对象

智能对象及"图层"控制面板中的效果分别如图 9-106 和图 9-107 所示。

双击"房屋"图层的缩览图，Photoshop CS6 将打开一个新文件，即智能对象"房屋"，如图 9-108 和图 9-109 所示。

图 9-106　　　　　　　图 9-107　　　　　　　图 9-108　　　　　　　图 9-109

在智能对象文件中对图像进行修改并保存，效果如图 9-110 所示。修改操作将影响嵌入此智能对象文件图像的最终效果，如图 9-111 所示。

图 9-110　　　　　　　图 9-111

课堂练习——制作美食城堡宣传单

【练习知识要点】使用填充和调整图层命令制作主体图片，使用添加图层样式命令为文字添加特殊效果，最终效果如图 9-112 所示。

【效果所在位置】Ch09\效果\制作美食城堡宣传单.psd。

图 9-112

课后习题——制作网页播放器

【习题知识要点】使用色相/饱和度命令调整背景图片，使用矩形工具、图层填充选项和样式面板制作底图，使用形状工具和图层样式制作按钮图形，使用横排文字工具添加文字，最终效果如图 9-113 所示。

【效果所在位置】Ch09\效果\制作网页播放器.psd。

图 9-113

第10章 应用文字与蒙版

本章介绍

本章主要介绍 Photoshop CS6 中文字与蒙版的应用技巧。通过对本章的学习，读者可以了解文字的功能及特点，掌握点文字和段落文字的输入方法，变形文字和路径文字的创建方法，以及图层蒙版、剪贴蒙版和矢量蒙版的应用技巧，从而制作出多变的图像效果。

学习目标

- 熟练掌握文字的输入与编辑技巧。
- 掌握创建变形文字与路径文字的方法。
- 熟练掌握图层蒙版的添加、隐藏、链接、应用及删除的技巧。
- 掌握使用剪贴蒙版与矢量蒙版的方法。

技能目标

- 掌握"茶馆宣传单"的制作方法。
- 掌握"音乐卡片"的制作方法。
- 掌握"合成风景照片"的制作方法。
- 掌握"个性写真照片"的制作方法。

10.1　文字的输入与编辑

应用文字工具可以输入文字，使用"字符"控制面板可以对文字进行调整。

功能介绍

横排文字工具：用于输入水平方向的文字。

10.1.1　课堂案例——制作茶馆宣传单

【案例学习目标】学习使用文字工具添加宣传文字。

【案例知识要点】使用高斯模糊滤镜命令、添加图层蒙版按钮和画笔工具制作背景图片，使用多边形套索工具和不透明度选项制作装饰色块，使用文字工具和绘图工具添加宣传文字，最终效果如图 10-1 所示。

【效果所在位置】Ch10\效果\制作茶馆宣传单.psd。

图 10-1

1．添加底图和标题文字

（1）按 Ctrl+O 组合键，打开本书学习资源中的"Ch10 \ 素材 \ 制作茶馆宣传单 \ 01"文件，如图 10-2 所示。将"背景"图层拖曳到"图层"控制面板下方的"创建新图层"按钮　上进行复制，生成新的 "背景 副本"图层。

（2）选择"滤镜 > 模糊 > 高斯模糊"命令，在弹出的对话框中进行设置，如图 10-3 所示，单击"确定"按钮，效果如图 10-4 所示。

 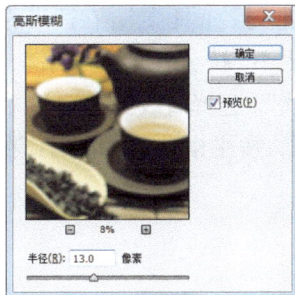 

图 10-2　　　　　　　　图 10-3　　　　　　　　图 10-4

（3）单击"图层"控制面板下方的"添加图层蒙版"按钮 ，为"背景 副本"图层添加蒙版，如图 10-5 所示。将前景色设为黑色。选择画笔工具 ，在属性栏中单击"画笔"选项右侧的 按钮，在弹出的面板中选择需要的画笔形状，设置如图 10-6 所示，在图像窗口中拖曳鼠标擦除不需要的图像，效果如图 10-7 所示。

图 10-5

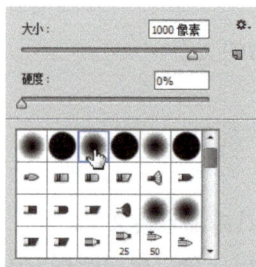
图 10-6

图 10-7

（4）将前景色设为白色。选择横排文字工具 T ，在适当的位置输入需要的文字并选取文字，在属性栏中选择合适的字体并设置文字大小，效果如图 10-8 所示。

（5）新建图层并将其命名为"红色圆"。将前景色设为红色（其 R、G、B 的值分别为 186、4、4）。选择椭圆工具 ，在属性栏的"选择工具模式"选项中选择"像素"，按住 Shift 键的同时，在图像窗口中拖曳鼠标绘制一个圆形，效果如图 10-9 所示。

（6）选择横排文字蒙版工具 T ，在红色圆形上输入需要的文字并选取文字，在属性栏中选择合适的字体并设置文字大小，如图 10-10 所示。按 Delete 键，删除选区中的图像。按 Ctrl+D 组合键，取消选区，图像效果如图 10-11 所示。

图 10-8

图 10-9

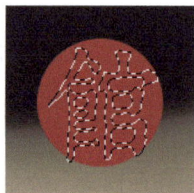
图 10-10

图 10-11

（7）将前景色设为白色。选择横排文字工具 T ，在适当的位置输入需要的文字并选取文字，在属性栏中选择合适的字体并设置文字大小，按 Alt+向左方向键，调整文字间距，效果如图 10-12 所示。

（8）新建图层并将其命名为"横线"。选择直线工具 ，在属性栏的"选择工具模式"选项中选择"像素"，将"粗细"选项设为 5 px，按住 Shift 键的同时，在图像窗口中绘制一条横线，效果如图 10-13 所示。

图 10-12　　　　　　　　　　　　　　　　图 10-13

（9）选择直排文字工具 $\boxed{IT}$，在适当的位置输入需要的文字并选取文字，在属性栏中选择合适的字体并设置文字大小，效果如图 10-14 所示。

（10）按 Ctrl+T 组合键，弹出"字符"面板，将"行距"选项 $\boxed{\text{（自动）}}$ 设置为 7 点，其他选项的设置如图 10-15 所示，效果如图 10-16 所示。

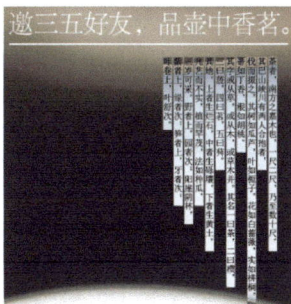
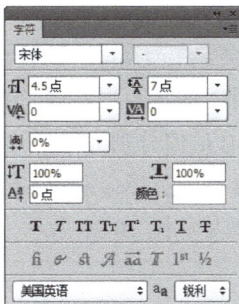
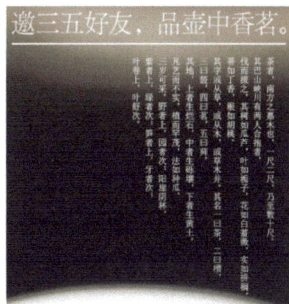

图 10-14　　　　　　　　　图 10-15　　　　　　　　　图 10-16

2．添加宣传文字

（1）新建图层并将其命名为"色块"。选择多边形套索工具 $\boxed{\lor}$，在图像窗口中绘制选区，如图 10-17 所示。按 Alt+Delete 组合键，用前景色填充选区。按 Ctrl+D 组合键，取消选区。在"图层"控制面板中，将"色块"图层的"不透明度"选项设为 60%，如图 10-18 所示，图像效果如图 10-19 所示。

图 10-17　　　　　　　　　图 10-18　　　　　　　　　图 10-19

（2）将前景色设为黑色。选择横排文字工具 $\boxed{T}$，在适当的位置输入需要的文字并选取文字，在属性栏中选择合适的字体并设置文字大小，效果如图 10-20 所示。

（3）将前景色设为红色（其 R、G、B 的值分别为 186、4、4）。选择横排文字工具 $\boxed{T}$，在适当的位置输入需要的文字并选取文字，在属性栏中选择合适的字体并设置文字大小，效果如图 10-21 所示。

（4）新建图层并将其命名为"红色"。选择椭圆工具 $\boxed{\bigcirc}$，按住 Shift 键的同时，在图像窗口中拖曳鼠标绘制一个圆形。选择直线工具 $\boxed{\diagup}$，按住 Shift 键的同时，在图像窗口中绘制一条直线，效果如图

10-22 所示。

（5）将前景色设为白色。选择横排文字工具 $\boxed{T}$ ，在适当的位置输入需要的文字并选取文字，在属性栏中选择合适的字体并设置文字大小，效果如图 10-23 所示。

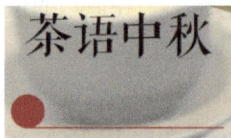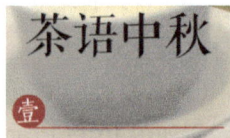

图 10-20   图 10-21   图 10-22   图 10-23

（6）将前景色设为黑色。选择横排文字工具 $\boxed{T}$ ，在适当的位置输入需要的文字并选取文字，在属性栏中选择合适的字体并设置文字大小，按 Alt+向左方向键，调整文字间距，效果如图 10-24 所示。

（7）将前景色设为红色（其 R、G、B 的值分别为 186、4、4）。选择横排文字工具 $\boxed{T}$ ，在适当的位置输入需要的文字并选取文字，在属性栏中选择合适的字体并设置文字大小，效果如图 10-25 所示。使用相同的方法制作其他图形和文字，效果如图 10-26 所示。茶馆宣传单制作完成。

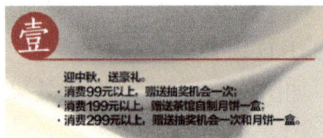

图 10-24   图 10-25   图 10-26

10.1.2　输入水平、垂直文字

选择横排文字工具 $\boxed{T}$ ，或按 T 键，其属性栏如图 10-27 所示。

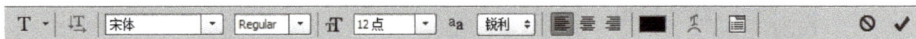

图 10-27

切换文本取向 $\boxed{}$ ：用于切换文字输入的方向。

$\boxed{\text{宋体}}$ $\boxed{\text{Regular}}$ ：用于设置文字的字体及属性。

$\boxed{\text{12 点}}$ ：用于设置字体的大小。

$\boxed{\text{锐利}}$ ：用于消除文字的锯齿，包括无、锐利、犀利、浑厚和平滑 5 个选项。

$\boxed{}$ ：用于设置文字的段落对齐格式，分别是左对齐、居中对齐和右对齐。

$\blacksquare$ ：用于设置文字的颜色。

创建文字变形 $\boxed{}$ ：用于对文字进行变形操作。

切换字符和段落面板▤：用于打开"段落"和"字符"控制面板。

取消所有当前编辑◯：用于取消对文字的操作。

提交所有当前编辑✓：用于确定对文字的操作。

选择直排文字工具⟨IT⟩，可以在图像中建立垂直文本。直排文字工具属性栏中的选项和横排文字工具属性栏中的选项基本相同。

10.1.3　输入段落文字

将横排文字工具⟨T⟩移动到图像窗口中，鼠标指针变为⟨I⟩形状，拖曳鼠标创建一个段落定界框，如图 10-28 所示。插入点显示在定界框的左上角，段落定界框具有自动换行的功能，如果输入的文字较多，当文字遇到定界框时，会自动换到下一行显示，输入文字，效果如图 10-29 所示。

如果输入的文字需要分段落，可以按 Enter 键进行操作，还可以对定界框进行旋转、拉伸等操作。

图 10-28　　　　　　　　　　图 10-29

10.1.4　栅格化文字

"图层"控制面板中的文字图层如图 10-30 所示。选择"文字 > 栅格化文字图层"命令，可以将文字图层转换为图像图层，如图 10-31 所示。也可以用鼠标右键单击文字图层，在弹出的菜单中选择"栅格化文字"命令。

图 10-30　　　　　　　　　　图 10-31

10.1.5　载入文字的选区

使用文字工具在图像窗口中输入文字后，"图层"控制面板中会自动生成文字图层，如果需要文字的选区，可以将此文字图层载入选区。按住 Ctrl 键的同时，单击文字图层的缩览图，即可载入文字选区。

10.2 创建变形文字与路径文字

在 Photoshop CS6 中，应用创建变形文字与路径文字命令可以制作出多样的变形文字效果。

功能介绍

文字变形命令：应用此命令可以对文字进行变形操作。

10.2.1 课堂案例——制作音乐卡片

【案例学习目标】学习使用创建变形文字命令制作变形文字。

【案例知识要点】使用横排文字工具输入文字，使用创建文字变形命令制作变形文字，使用添加图层样式命令为文字添加特殊效果，最终效果如图 10-32 所示。

【效果所在位置】Ch10\效果\制作音乐卡片.psd。

图 10-32

（1）按 Ctrl+O 组合键，打开本书学习资源中的"Ch10 \ 素材 \ 制作音乐卡片 \ 01"文件，如图 10-33 所示。按 Ctrl+O 组合键，打开本书学习资源中的"Ch10 \ 素材 \ 制作音乐卡片 \ 02"文件，选择移动工具，将 02 图片拖曳到 01 图像窗口中适当的位置，效果如图 10-34 所示。此时，"图层"控制面板中会生成新的图层，将其命名为"音乐符"。

图 10-33

图 10-34

（2）选择横排文字工具，输入需要的文字并选取文字，在属性栏中选择合适的字体并设置文字大小，分别填充适当的颜色，效果如图 10-35 所示。单击文字工具属性栏中的"创建文字变形"按钮，弹出"变形文字"对话框，选项的设置如图 10-36 所示，单击"确定"按钮，效果如图 10-37 所示。

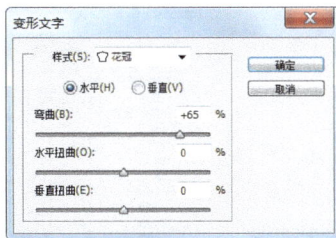

图 10-35　　　　　　　　　　图 10-36　　　　　　　　　　图 10-37

（3）单击"图层"控制面板下方的"添加图层样式"按钮 **fx.**，在弹出的菜单中选择"内阴影"命令，在弹出的对话框中进行设置，如图 10-38 所示；选择"外发光"选项，切换到相应的对话框，选项的设置如图 10-39 所示；选择"描边"选项，切换到相应的对话框，将描边颜色设为白色，其他选项的设置如图 10-40 所示，单击"确定"按钮，效果如图 10-41 所示。

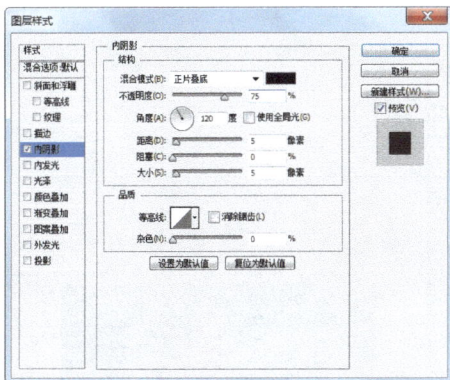
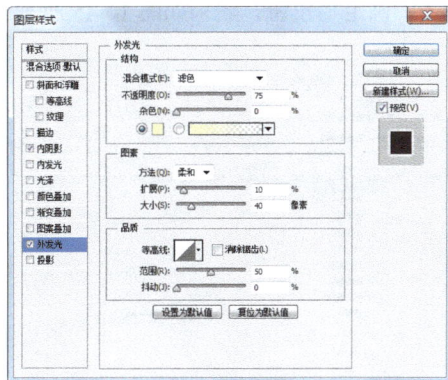

图 10-38　　　　　　　　　　　　　　　　图 10-39

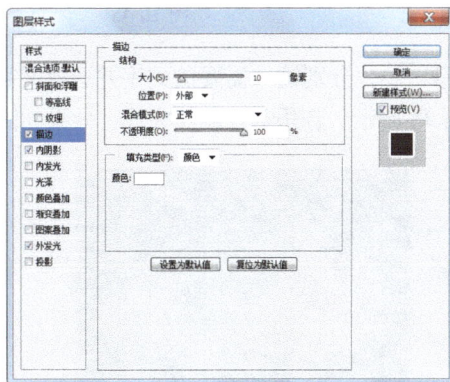

图 10-40　　　　　　　　　　图 10-41

（4）将前景色设为蓝色（其 R、G、B 的值分别为 1、156、208）。选择横排文字工具 **T.**，输入需要的文字并选取文字，在属性栏中选择合适的字体并设置文字大小，效果如图 10-42 所示。单击"图层"控制面板下方的"添加图层样式"按钮 **fx.**，在弹出的菜单中选择"外发光"命令，在弹出的对话框中进行设置，如图 10-43 所示。

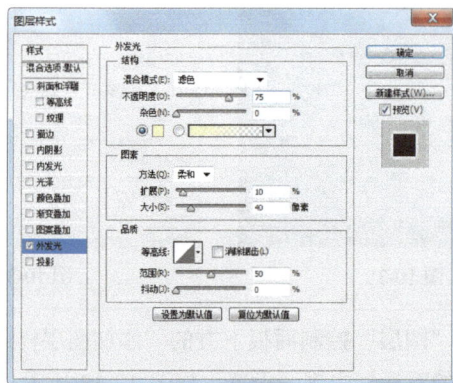

图 10-42   图 10-43

（5）选择"描边"选项，切换到相应的对话框，将描边颜色设为白色，其他选项的设置如图 10-44 所示，单击"确定"按钮，效果如图 10-45 所示。

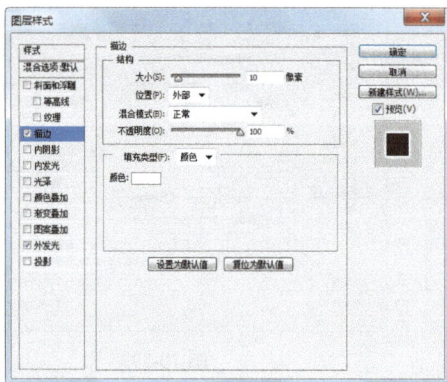

图 10-44   图 10-45

（6）将前景色设为白色。选择横排文字工具 [T]，分别输入需要的文字并选取文字，在属性栏中选择合适的字体并设置文字大小，效果如图 10-46 所示。音乐卡片制作完成，效果如图 10-47 所示。

图 10-46   图 10-47

10.2.2　变形文字

应用变形文字命令可以将文字进行多种样式的变形，如扇形、旗帜、波浪、膨胀、扭转等。

1. 制作扭曲变形文字

在图像窗口中输入文字，如图 10-48 所示。单击文字工具属性栏中的"创建文字变形"按钮 [工]，弹出"变形文字"对话框，如图 10-49 所示。"样式"下拉列表中包含多种文字变形效果，如图 10-50 所示。文字的多种变形效果如图 10-51 所示。

 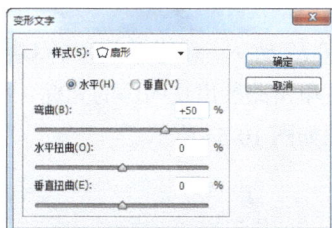 

图 10-48 图 10-49 图 10-50

扇形 下弧 上弧 拱形 凸起

贝壳 花冠 旗帜 波浪 鱼形

增加 鱼眼 膨胀 挤压 扭转

图 10-51

2．设置变形选项

如果要修改文字的变形效果，可以打开"变形文字"对话框，在对话框中重新设置样式或更改当前应用样式的数值。

3．取消文字变形效果

如果要取消文字的变形效果，可以打开"变形文字"对话框，在"样式"下拉列表中选择"无"。

10.2.3　路径文字

可以将文字建立在路径上，并应用路径对文字进行调整。

1．在路径上创建文字

选择椭圆工具 ⬭，在属性栏的"选择工具模式"选项中选择"路径"，按住 Shift 键的同时，在图像窗口中绘制圆形路径，如图 10-52 所示。选择横排文字工具 ⟋，将鼠标指针放在路径上，鼠标指针变为 I 形状，如图 10-53 所示。单击路径出现闪烁的光标，此处为输入文字的起始点。输入的文字会沿着路径的形状进行排列，效果如图 10-54 所示。

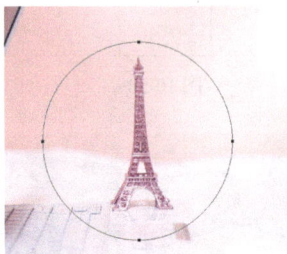  

图 10-52　　　　　　　　　图 10-53　　　　　　　　　图 10-54

文字输入完成后，"路径"控制面板中会自动生成文字路径层，如图 10-55 所示。取消"视图 > 显示额外内容"命令的选中状态，可以隐藏文字路径，如图 10-56 所示。

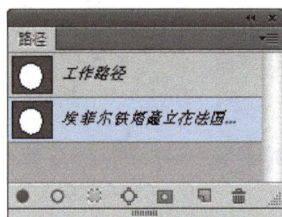 

图 10-55　　　　　　　　　图 10-56

> **提示**　"路径"控制面板中的文字路径层与"图层"控制面板中相对的文字图层是相链接的，删除文字图层时，文字的路径层会自动被删除，删除其他工作路径不会对文字的排列有影响。如果要修改文字的排列形状，需要对文字路径进行修改。

2．在路径上移动文字

选择路径选择工具 ▶，将鼠标指针放置在文字上，鼠标指针变为 ▶ 形状，如图 10-57 所示，沿着路径拖曳鼠标，可以移动文字，效果如图 10-58 所示。

图 10-57　　　　　　　　　　图 10-58

3．在路径上翻转文字

选择路径选择工具，将鼠标指针放置在文字上，鼠标指针变为形状，如图 10-59 所示，将文字向路径内部拖曳，可以沿路径翻转文字，效果如图 10-60 所示。

图 10-59　　　　　　　　　　图 10-60

4．修改路径绕排文字的形态

创建了路径绕排文字后，同样可以编辑文字绕排的路径。选择直接选择工具，在路径上单击，路径上显示出控制手柄，拖曳控制手柄修改路径的形状，如图 10-61 所示，文字会按照修改后的路径进行排列，效果如图 10-62 所示。

图 10-61　　　　　　　　　　图 10-62

10.3　图层蒙版

在编辑图像时可以为某一图层或多个图层添加蒙版，并对添加的蒙版进行隐藏、链接、删除等操作。

功能介绍

图层蒙版：可以使图层中图像的某些部分被处理成透明和半透明的效果，而且可以恢复已经处理过的图像，是 Photoshop 中一种独特的图像处理方式。

10.3.1　课堂案例——制作合成风景照片

【案例学习目标】学习使用图层蒙版命令制作图像效果。

【案例知识要点】使用可选颜色命令调整图片颜色，使用图层蒙版命令和画笔工具制作瓶中乌龟效果，使用文本工具添加文字，最终效果如图 10-63 所示。

【效果所在位置】Ch10\效果\制作合成风景照片.psd。

图 10-63

（1）按 Ctrl+O 组合键，打开本书学习资源中的 "Ch10 \ 素材 \ 制作合成风景照片 \ 01" 文件，如图 10-64 所示。单击 "图层" 控制面板下方的 "创建新的填充或调整图层" 按钮 ，在弹出的菜单中选择 "可选颜色" 命令，生成 "选取颜色 1" 图层。同时在弹出的 "可选颜色" 属性面板中进行设置，如图 10-65 所示，效果如图 10-66 所示。

图 10-64　　　　　　　　　图 10-65　　　　　　　　　图 10-66

（2）按 Ctrl+O 组合键，打开本书学习资源中的 "Ch10 \ 素材 \ 制作合成风景照片 \ 01" 文件。选择磁性套索工具 ，沿着酒瓶边缘拖曳鼠标绘制选区，效果如图 10-67 所示。选择移动工具 ，将选区中的图像拖曳到调色后的 01 图像窗口中，效果如图 10-68 所示。此时，"图层" 控制面板中会生成新的图层，将其命名为 "瓶子"。

图 10-67   图 10-68

（3）单击"图层"控制面板下方的"创建新的填充或调整图层"按钮 ⊙，在弹出的菜单中选择"色相/饱和度"命令，生成"色相/饱和度 1"图层。同时在弹出的"色相/饱和度"面板中进行设置，如图 10-69 所示，单击面板下方的"此调整剪切到此图层"按钮 ↓□，创建剪贴蒙版，效果如图 10-70所示。

图 10-69   图 10-70

（4）按 Ctrl+O 组合键，打开本书学习资源中的"Ch10 \ 素材 \ 制作合成风景照片 \ 02"文件，选择移动工具 ⊕，将图片拖曳到图像窗口中适当的位置，效果如图 10-71 所示。此时，"图层"控制面板中会生成新的图层，将其命名为"图片"。

（5）单击"图层"控制面板下方的"添加图层蒙版"按钮 ▣，为"图片"图层添加蒙版。将前景色设为黑色。选择画笔工具 ✔，在属性栏中单击"画笔"选项右侧的·按钮，在弹出的画笔面板中选择需要的画笔形状，其他选项的设置如图 10-72 所示。在图像窗口中擦除不需要的图像，效果如图10-73 所示。

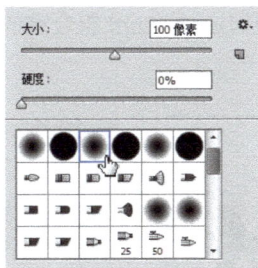

图 10-71   图 10-72   图 10-73

（6）选择横排文字工具 T，输入需要的文字并选取文字，在属性栏中选择合适的字体并设置文字的大小，效果如图 10-74 所示。在"图层"控制面板中，将文字图层的混合模式选项设为"叠加"，效果如图 10-75 所示。合成风景照片制作完成。

图 10-74 　　　　　　　　　　图 10-75

10.3.2　添加图层蒙版

单击"图层"控制面板下方的"添加图层蒙版"按钮 ◻ ，可以创建一个图层的蒙版，如图 10-76 所示。按住 Alt 键，单击"图层"控制面板下方的"添加图层蒙版"按钮 ◻ ，可以创建一个遮盖图层全部的蒙版，如图 10-77 所示。

选择"图层 > 图层蒙版 > 显示全部"命令，效果如图 10-76 所示。选择"图层 > 图层蒙版 > 隐藏全部"命令，效果如图 10-77 所示。

图 10-76 　　　　　　　　　　图 10-77

10.3.3　隐藏图层蒙版

按住 Alt 键的同时，单击图层蒙版缩览图，图像窗口中的图像将被隐藏，只显示蒙版缩览图中的效果，如图 10-78 所示，"图层"控制面板如图 10-79 所示。按住 Alt 键的同时，再次单击图层蒙版缩览图，将恢复图像窗口中的图像效果。按住 Alt+Shift 组合键的同时，单击图层蒙版缩览图，将同时显示图像和图层蒙版的内容。

图 10-78 　　　　　　　　　　图 10-79

10.3.4　图层蒙版的链接

在"图层"控制面板中，图层缩览图与图层蒙版缩览图之间存在链接图标，此时移动图像，蒙版会同步移动。单击链接图标，将不显示此图标，可以分别对图像与蒙版进行操作。

10.3.5　应用及删除图层蒙版

在"通道"控制面板中，双击"枫叶蒙版"通道，弹出"图层蒙版显示选项"对话框，如图 10-80 所示，在对话框中可以对蒙版的颜色和不透明度进行设置。

选择"图层 > 图层蒙版 > 停用"命令，或按住 Shift 键的同时，单击"图层"控制面板中的图层蒙版缩览图，图层蒙版被停用，如图 10-81 所示，图像将全部显示，效果如图 10-82 所示。按住 Shift 键的同时，再次单击图层蒙版缩览图，将恢复图层蒙版效果，效果如图 10-83 所示。

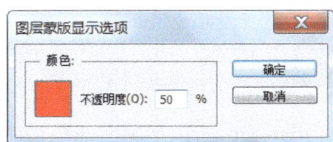   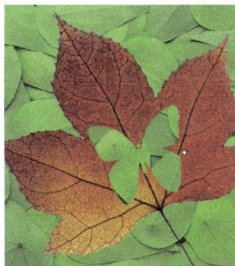

图 10-80　　　　　　　图 10-81　　　　　　　图 10-82　　　　　　　图 10-83

选择"图层 > 图层蒙版 > 删除"命令，或在图层蒙版缩览图上单击鼠标右键，在弹出的菜单中选择"删除图层蒙版"命令，可以将图层蒙版删除。

10.4　剪贴蒙版与矢量蒙版

剪贴蒙版和矢量蒙版可以用遮盖的方式使图像产生特殊的效果。

功能介绍

矢量蒙版：使用某个图层的矢量内容来遮盖其上方的图层，遮盖效果由基底图层决定。

10.4.1　课堂案例——制作个性写真照片

【案例学习目标】学习使用矢量蒙版命令制作图片效果。

【案例知识要点】使用矢量蒙版命令为图层添加矢量蒙版，使用添加图层样式命令为图片添加特殊效果，使用横排文字工具添加文字，最终效果如图 10-84 所示。

【效果所在位置】Ch10\效果\制作个性写真照片.psd。

图 10-84

（1）按 Ctrl+O 组合键，打开本书学习资源中的"Ch10 \ 素材 \ 制作个性写真照片 \ 01、02"文件，选择移动工具 ，将 01 图片拖曳到 02 图像窗口中适当的位置，并旋转到适当的角度，效果如图 10-85 所示。此时，"图层"控制面板中会生成新的图层，将其命名为"图片"，如图 10-86 所示。

图 10-85

图 10-86

（2）选择自定形状工具 ，单击属性栏中的"形状"选项，弹出"形状"面板，单击面板右上方的 按钮，在弹出的菜单中选择"全部"选项，弹出提示对话框，单击"追加"按钮。在"形状"面板中选中需要的图形，如图 10-87 所示。在属性栏的"选择工具模式"选项中选择"路径"，在图像窗口中绘制一个路径，如图 10-88 所示。

图 10-87

图 10-88

（3）选择"图层 > 矢量蒙版 > 当前路径"命令，创建矢量蒙版，效果如图 10-89 所示。单击"图层"控制面板下方的"添加图层样式"按钮 ，在弹出的菜单中选择"描边"命令，弹出对话框，将描边颜色设置为粉色（其 R、G、B 的值分别为 255、206、199），其他选项的设置如图 10-90 所示；选择"内阴影"选项，切换到相应的对话框，选项的设置如图 10-91 所示，单击"确定"按钮，效果如图 10-92 所示。

图 10-89

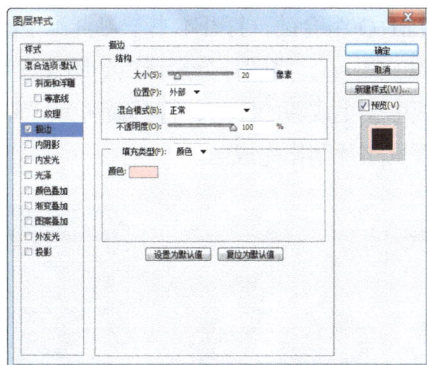

图 10-90

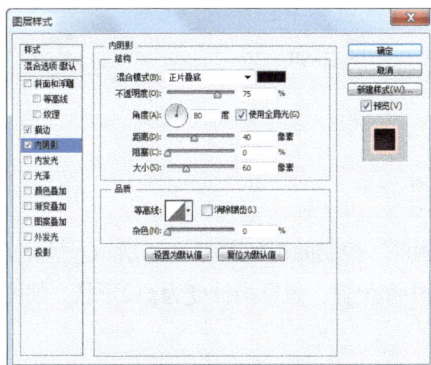

图 10-91

图 10-92

（4）选择移动工具，单击矢量蒙版缩览图，进入蒙版编辑状态，如图 10-93 所示。选择自定形状工具，选中需要的图形，如图 10-94 所示。

图 10-93

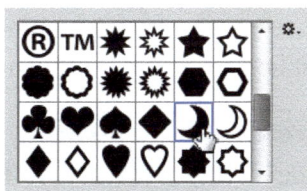

图 10-94

（5）在图像窗口中绘制路径，效果如图 10-95 所示。用相同的方法绘制其他路径，效果如图 10-96 所示。

图 10-95

图 10-96

（6）按 Ctrl+O 组合键，打开本书学习资源中的"Ch10 \ 素材 \ 制作个性写真照片 \ 03、04"文件，选择移动工具 ，将图片分别拖曳到图像窗口中适当的位置，效果如图 10-97 所示。此时，"图层"控制面板中会生成新的图层，将其命名为"装饰"和"文字"，如图 10-98 所示，效果如图 10-99 所示。个性写真照片制作完成。

图 10-97 　　　　　　　　　　 图 10-98 　　　　　　　　　　 图 10-99

10.4.2　剪贴蒙版

设计好的图像效果如图 10-100 所示，"图层"控制面板如图 10-101 所示。按住 Alt 键的同时，将鼠标指针放置到"花朵"图层和"形状 1" 图层的中间位置，鼠标指针变为 形状，如图 10-102 所示。

图 10-100 　　　　　　　　　 图 10-101 　　　　　　　　　 图 10-102

单击创建图层的剪贴蒙版，如图 10-103 所示，图像窗口中的效果如图 10-104 所示。选择移动工具 ，可以随时移动"花朵"图像，效果如图 10-105 所示。

图 10-103 　　　　　　　　　 图 10-104 　　　　　　　　　 图 10-105

选择"图层 > 释放剪贴蒙版"命令，或按 Alt+Ctrl+G 组合键，可以取消剪贴蒙版，选中剪贴蒙版组中上方的图层。

10.4.3　矢量蒙版

原始图像如图 10-106 所示。选择自定形状工具 ，在属性栏的"选择工具模式"选项中选择"路径"，在"形状"选项中选择"百合花饰"图形，如图 10-107 所示。

图 10-106

图 10-107

在图像窗口中绘制路径，如图 10-108 所示。选中"图片"图层，选择"图层 > 矢量蒙版 > 当前路径"命令，为"图片"图层添加矢量蒙版，如图 10-109 所示，图像窗口中的效果如图 10-110 所示。选择直接选择工具 ，可以修改路径的形状，从而修改蒙版的遮罩区域，如图 10-111 所示。

图 10-108

图 10-109

图 10-110

图 10-111

课堂练习——制作文字特效

【练习知识要点】使用横排文字工具和创建文字变形按钮制作文字变形效果，使用椭圆工具和横排文字工具创建路径文字，使用添加图层样式按钮制作文字特殊效果，最终效果如图 10-112 所示。

【效果所在位置】Ch10\效果\制作文字特效.psd。

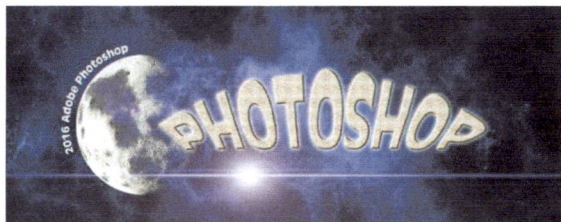

图 10-112

课后习题——制作运动鞋海报

【习题知识要点】使用文字变形命令将文字变形，使用图层蒙版命令和画笔工具制作音符效果，最终效果如图 10-113 所示。

【效果所在位置】Ch10\效果\制作运动鞋海报.psd。

图 10-113

第11章 使用通道与滤镜

本章介绍

本章主要介绍通道与滤镜的使用方法。通过对本章的学习，读者可以掌握通道的基本操作、通道蒙版的创建和使用方法，以及滤镜的使用技巧。

学习目标

- 掌握"通道"控制面板的操作方法。
- 掌握创建、复制和删除通道的方法。
- 掌握通道蒙版的使用方法。
- 掌握滤镜菜单的使用方法和技巧。

技能目标

- 掌握"照片特效"的制作方法。
- 掌握"液化文字"的制作方法。
- 掌握"怀旧照片"的制作方法。
- 掌握"淡彩钢笔画"的制作方法。
- 掌握"舞蹈宣传单"的制作方法。

11.1 通道的操作

应用"通道"控制面板可以对通道进行创建、复制、删除、分离、合并等操作。

功能介绍

分离通道命令：使用该命令可以将通道分离成为单独的灰度图像文件，分离后可以对各个通道分别进行编辑。

合并通道命令：使用该命令可以将需要的通道进行合并，生成一个复合通道图像，从而达到更好地编辑图像的目的。

11.1.1 课堂案例——制作照片特效

【案例学习目标】学习使用分离通道命令和合并通道命令制作图像。

【案例知识要点】使用分离通道命令和合并通道命令制作图像效果，使用彩色半调滤镜命令为图片添加特殊效果，使用曝光度命令和色阶命令调整图像的颜色，最终效果如图 11-1 所示。

【效果所在位置】Ch11\效果\制作照片特效.psd。

图 11-1

（1）按 Ctrl + O 组合键，打开本书学习资源中的"Ch11 \ 素材 \ 制作照片特效 \01"文件，如图 11-2 所示。选择"窗口 > 通道"命令，弹出"通道"控制面板，如图 11-3 所示。

图 11-2

图 11-3

（2）单击"通道"控制面板右上方的 按钮，在弹出的菜单中选择"分离通道"命令，将图像分离成"红""绿""蓝"3 个通道文件，如图 11-4 所示。选择 "红"通道文件，如图 11-5 所示。

图 11-4 　　　　　　　　　　　　　　　　　　图 11-5

（3）选择"图像 > 调整 > 曝光度"命令，在弹出的对话框中进行设置，如图 11-6 所示，单击"确定"按钮，效果如图 11-7 所示。

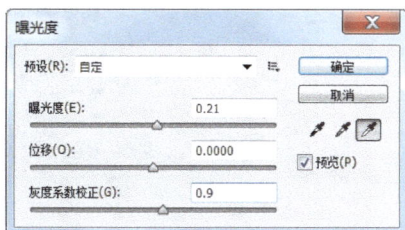

图 11-6 　　　　　　　　　　　　　　　　　　图 11-7

（4）选择 "绿"通道文件，按 Ctrl+L 组合键，弹出"色阶"对话框，选项的设置如图 11-8 所示，单击"确定"按钮，效果如图 11-9 所示。

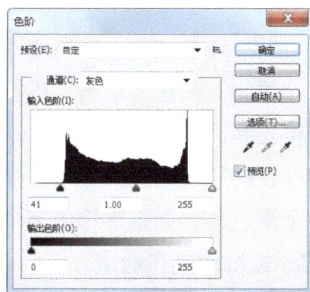

图 11-8 　　　　　　　　　　　　　　　　　　图 11-9

（5）选择 "蓝"通道文件，选择"滤镜 > 像素化 > 彩色半调"命令，在弹出的对话框中进行设置，如图 11-10 所示，单击"确定"按钮，效果如图 11-11 所示。

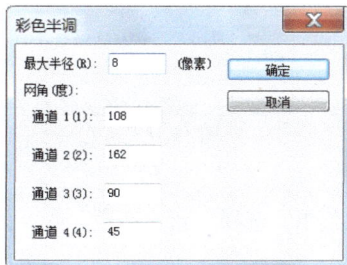

图 11-10 　　　　　　　　　　　　　　　　　图 11-11

（6）单击"通道"控制面板右上方的 按钮，在弹出的菜单中选择"合并通道"命令，在弹出的对话框中进行设置，如图 11-12 所示，单击"确定"按钮，弹出"合并 RGB 通道"对话框，如图 11-13 所示，单击"确定"按钮，合并通道，图像效果如图 11-14 所示。

（7）将前景色设为白色。选择横排文字工具 T ，在适当的位置输入需要的文字并选取文字，在属性栏中选择合适的字体并设置文字大小，按 Alt+向左方向键，调整文字间距，效果如图 11-15 所示。照片特效制作完成。

图 11-12   图 11-13

   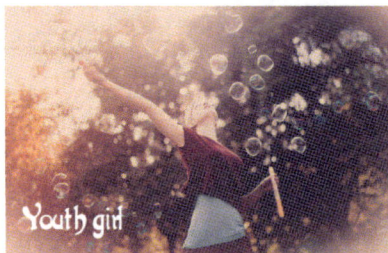

图 11-14   图 11-15

11.1.2　"通道"控制面板

"通道"控制面板可以管理所有的通道并对通道进行编辑。

选择"窗口 > 通道"命令，弹出"通道"控制面板，如图 11-16 所示。"通道"控制面板的右上方有 2 个系统按钮 ，分别是"折叠为图标"按钮和"关闭"按钮。单击"折叠为图标"按钮可以将控制面板折叠，只显示图标。单击"关闭"按钮可以将控制面板关闭。

在"通道"控制面板中，放置区用于存放当前图像中存在的所有通道。如果选中的只是其中的一个通道，则只有这个通道处于选中状态，通道上将出现一个深色条。如果想选中多个通道，可以按住 Shift 键，再单击其他通道。通道左侧的眼睛图标 用于显示或隐藏颜色通道。

"通道"控制面板的底部有 4 个工具按钮，如图 11-17 所示。

将通道作为选区载入 ：用于将通道作为选择区域调出。

将选区存储为通道 ：用于将选择区域存入通道中。

创建新通道 ：用于创建或复制新的通道。

删除当前通道 ：用于删除图像中的通道。

图 11-16   图 11-17

11.1.3　创建新通道

单击"通道"控制面板右上方的 按钮，弹出下拉菜单，选择"新建通道"命令，弹出"新建通道"对话框，如图 11-18 所示。

名称：用于设置当前通道的名称。

色彩指示：用于选择两种区域方式。

颜色：用于设置新通道的颜色。

不透明度：用于设置当前通道的不透明度。

单击"确定"按钮，"通道"控制面板中会生成一个新通道，即 Alpha 1，如图 11-19 所示。

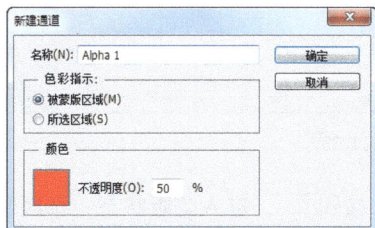 

图 11-18 　　　　　　　　　　　　图 11-19

单击"通道"控制面板下方的"创建新通道"按钮 🔲 ，也可以创建一个新通道。

11.1.4　复制通道

单击"通道"控制面板右上方的 ▼≣ 按钮，弹出下拉菜单，选择"复制通道"命令，弹出"复制通道"对话框，如图 11-20 所示。

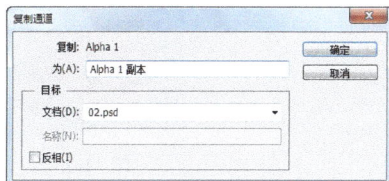

为：用于设置复制出的新通道的名称。

文档：用于设置复制通道的文件来源。

将"通道"控制面板中需要复制的通道拖曳到下方的"创建新通道"按钮 🔲 上，即可将所选的通道复制为一个新的通道。

图 11-20

11.1.5　删除通道

单击"通道"控制面板右上方的 ▼≣ 按钮，弹出下拉菜单，选择"删除通道"命令，即可将通道删除。

单击"通道"控制面板下方的"删除当前通道"按钮 🗑 ，弹出提示对话框，如图 11-21 所示，单击"是"按钮，可将通道删除。也可将需要删除的通道直接拖曳到"删除当前通道"按钮 🗑 上进行删除。

图 11-21

11.2　通道蒙版

在通道中可以快速地创建蒙版，还可以存储蒙版。

11.2.1　快速蒙版的制作

使用快速蒙版命令可以使图像快速地进入蒙版编辑状态。

打开一幅图像，如图 11-22 所示。选择魔棒工具 ，在属性栏中进行设置，如图 11-23 所示。按住 Shift 键，魔棒工具旁出现 "+" 号，连续单击选择背景区域，如图 11-24 所示。

图 11-22   图 11-23   图 11-24

单击工具箱下方的 "以快速蒙版模式编辑" 按钮 ，进入蒙版状态，选区暂时消失，图像的未选择区域变为红色，如图 11-25 所示。"通道" 控制面板中将自动生成快速蒙版，如图 11-26 所示。快速蒙版图像效果如图 11-27 所示。

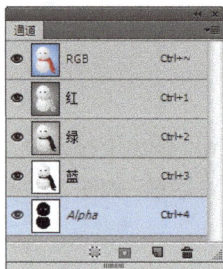

图 11-25   图 11-26   图 11-27

> **提示**   系统预设蒙版颜色为半透明的红色。

选择画笔工具 ，在画笔工具属性栏中进行设置，如图 11-28 所示。将快速蒙版中的雪人绘制成黑色，图像效果和快速蒙版如图 11-29 所示。

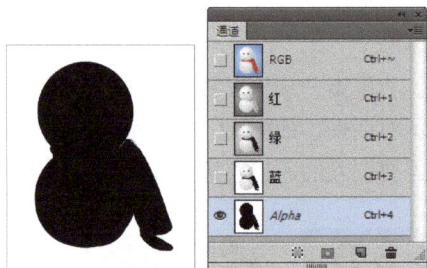

图 11-28   图 11-29

11.2.2   在 Alpha 通道中存储蒙版

可以将编辑好的蒙版存储到 Alpha 通道中。

用选取工具选中雪人，生成选区，如图 11-30 所示。选择 "选择 > 存储选区" 命令，弹出 "存储选区"对话框，如图 11-31 所示，单击"确定"按钮，建立通道蒙版"Alpha 1"。或单击"通道"控制面板中的"将选区存储为通道"按钮 ，建立通道蒙版"Alpha 1"，如图 11-32 和图 11-33 所示。

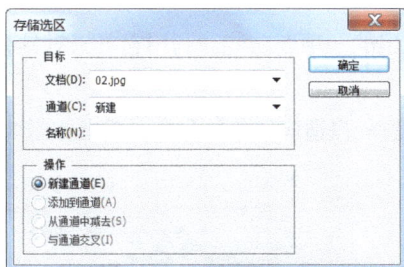
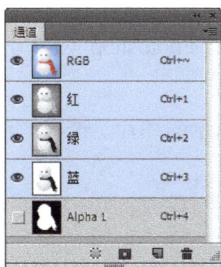

　　图 11-30　　　　　　　　　图 11-31　　　　　　　　　图 11-32　　　　　　　图 11-33

　　将图像保存，再次打开图像时，选择"选择 > 载入选区"命令，弹出"载入选区"对话框，设置如图 11-34 所示，单击"确定"按钮，将"Alpha 1"通道的选区载入。或单击"通道"控制面板中的"将通道作为选区载入"按钮 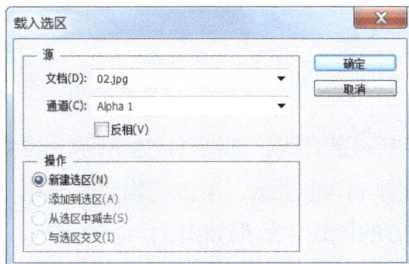，将"Alpha 1"通道作为选区载入，效果如图 11-35 所示。

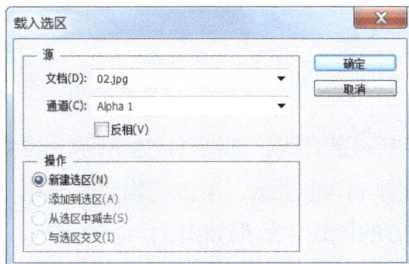

　　　　　图 11-34　　　　　　　　　　　　　　图 11-35

11.3　滤镜菜单及应用

Photoshop 的"滤镜"菜单下提供了多种滤镜命令，使用这些滤镜命令可以制作出奇妙的图像效果。

11.3.1　"滤镜"菜单

　　单击"滤镜"菜单，弹出如图 11-36 所示的下拉菜单。Photoshop CS6 的滤镜菜单被分为 6 部分，并用横线划分开。

　　第 1 部分为最近一次使用过的滤镜，没有使用滤镜时，此命令为灰色，不可选择。使用任意一种滤镜后，只要直接选择这种滤镜或按 Ctrl+F 组合键，即可重复使用。

　　第 2 部分为转换为智能滤镜，智能滤镜可随时进行修改操作。

　　第 3 部分为 6 个 Photoshop CS6 滤镜，每个滤镜的功能都十分强大。

　　第 4 部分为 9 个 Photoshop CS6 滤镜组，每个滤镜组中都包含多个滤镜。

　　第 5 部分为 Digimarc 滤镜。

　　第 6 部分为浏览联机滤镜。

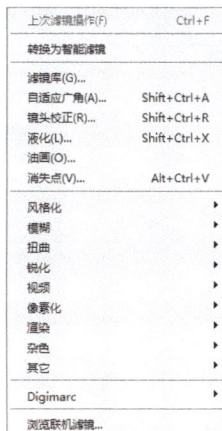

图 11-36

11.3.2　自适应广角

自适应广角滤镜是 Photoshop CS6 中推出的一项新功能，利用它可以对具有广角、超广角及鱼眼效果的图片进行校正。

打开如图 11-37 所示的图片。选择"滤镜 > 自适应广角"命令，弹出如图 11-38 所示的对话框。

图 11-37

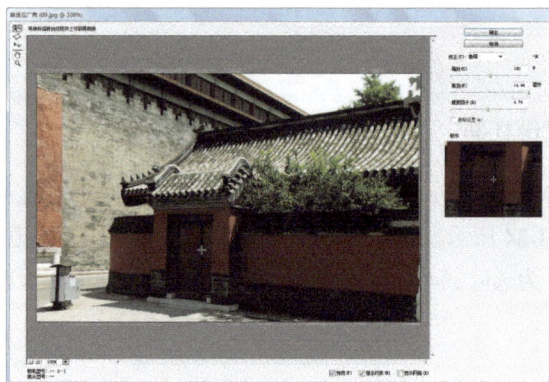

图 11-38

在对话框左侧图片中需要调整的位置拖曳一条直线，如图 11-39 所示。再将中间的节点向下拖曳到适当的位置，绘制直线的部位被拉直，如图 11-40 所示，单击"确定"按钮，图片调整后的效果如图 11-41 所示。用相同的方法也可以调整上方的屋顶，效果如图 11-42 所示。

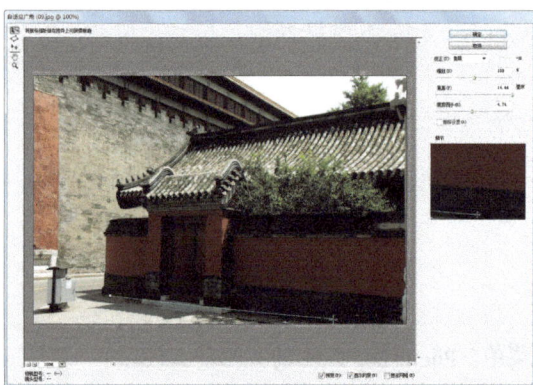

图 11-39

图 11-40

图 11-41

图 11-42

11.3.3 镜头校正

镜头校正滤镜可以修复常见的镜头瑕疵，如桶形失真、枕形失真、晕影和色差等。另外，使用该滤镜还可以旋转图像，或修复由于相机在垂直或水平方向上倾斜而导致的图像透视和错视。

打开如图 11-43 所示的图像。选择"滤镜 > 镜头校正"命令，弹出如图 11-44 所示的对话框。

图 11-43

图 11-44

选择"自定"选项卡，设置如图 11-45 所示，单击"确定"按钮，效果如图 11-46 所示。

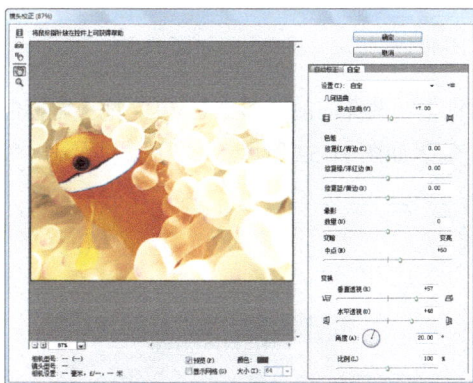

图 11-45

图 11-46

功能介绍

液化滤镜命令：用于推、拉、旋转、反射、折叠和膨胀图像的任意区域。

11.3.4 课堂案例——制作液化文字

【案例学习目标】学习使用"滤镜"菜单中的液化滤镜命令制作出需要的效果。

【案例知识要点】使用横排文字工具和液化滤镜命令制作变形文字，使用添加图层样式按钮为文字添加特殊效果，最终效果如图 11-47 所示。

【效果所在位置】Ch11\效果\制作液化文字.psd。

图 11-47

（1）按 Ctrl + O 组合键，打开本书学习资源中的"Ch11 \ 素材 \ 制作液化文字 \01"文件，如图 11-48 所示。选择横排文字工具 T，在适当的位置输入需要的文字并选取文字，在属性栏中选择合适的字体并设置文字大小。按 Ctrl+T 组合键，弹出"字符"面板，将"水平缩放"选项 T 100% 设置为 95%，其他选项的设置如图 11-49 所示，效果如图 11-50 所示。

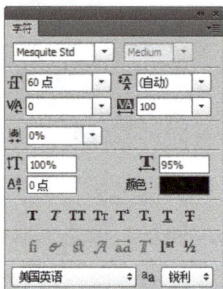
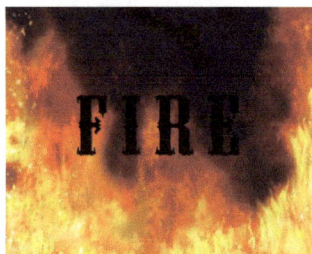

| 图 11-48 | 图 11-49 | 图 11-50 |

（2）按 Shift+Ctrl+X 组合键，弹出"液化"对话框，选择向前变形工具 ，拖曳鼠标制作出文字变形效果，如图 11-51 所示，单击"确定"按钮，效果如图 11-52 所示。

| 图 11-51 | 图 11-52 |

（3）选择"图层 > 栅格化 > 文字"命令，将文字图层转换为图像图层。按 Ctrl+J 组合键，复制"FIRE"图层，生成新的 "FIRE 副本"图层，并将其拖曳到"FIRE"图层的下方，如图 11-53 所示。

（4）单击"FIRE"图层左侧的眼睛图标 ，将"FIRE"图层隐藏。单击"图层"控制面板下方的"添加图层样式"按钮 fx，在弹出的菜单中选择"内阴影"命令，弹出对话框，将内阴影颜色设置为红色（其 R、G、B 的值分别为 255、0、0），其他选项的设置如图 11-54 所示。

图 11-53

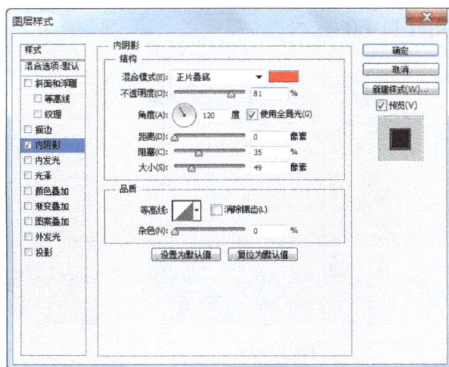

图 11-54

（5）选择"光泽"选项，切换到相应的对话框，将光泽颜色设置为黄色（其 R、G、B 的值分别为 251、163、24），其他选项的设置如图 11-55 所示；选择"颜色叠加"选项，切换到相应的对话框，将叠加颜色设置为橘黄色（其 R、G、B 的值分别为 250、115、0），其他选项的设置如图 11-56 所示。

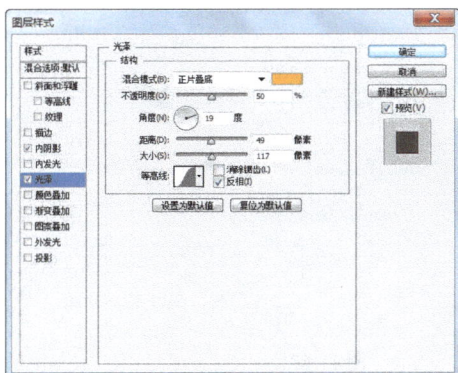

图 11-55

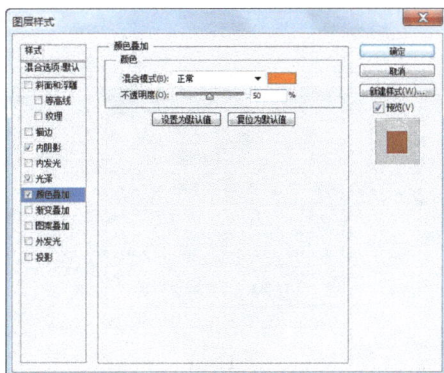

图 11-56

（6）选择"外发光"选项，切换到相应的对话框，将外发光颜色设置为土黄色（其 R、G、B 的值分别为 227、189、41），其他选项的设置如图 11-57 所示，单击"确定"按钮，图像效果如图 11-58 所示。

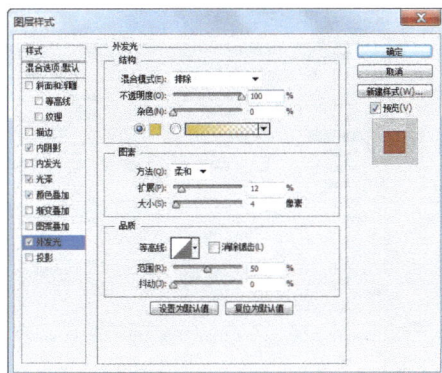

图 11-57

图 11-58

（7）在"图层"控制面板中，将"FTRE 副本"图层的"不透明度"选项设为 30%，如图 11-59

所示，图像效果如图 11-60 所示。

图 11-59   图 11-60

（8）选择"FIRE"图层。单击图层左侧的空白图标 ，显示该图层，如图 11-61 所示。单击"图层"控制面板下方的"添加图层样式"按钮 fx.，在弹出的菜单中选择"内阴影"命令，弹出对话框，将内阴影颜色设置为黄色（其 R、G、B 的值分别为 235、188、35），其他选项的设置如图 11-62 所示。

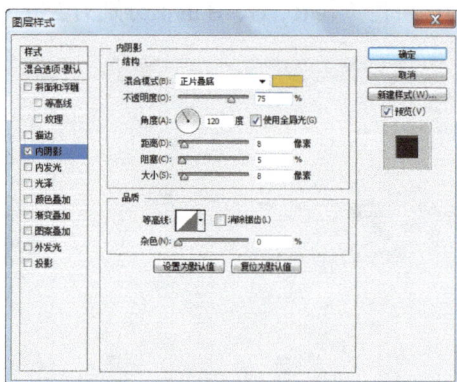

图 11-61   图 11-62

（9）选择"内发光"选项，切换到相应的对话框，将发光颜色设置为淡黄色（其 R、G、B 的值分别为 255、255、190），其他选项的设置如图 11-63 所示；选择"光泽"选项，切换到相应的对话框，将光泽颜色设置为白色，其他选项的设置如图 11-64 所示。

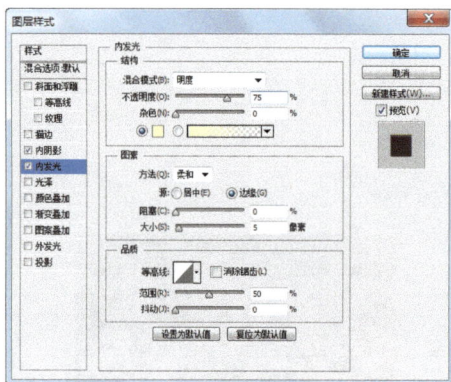

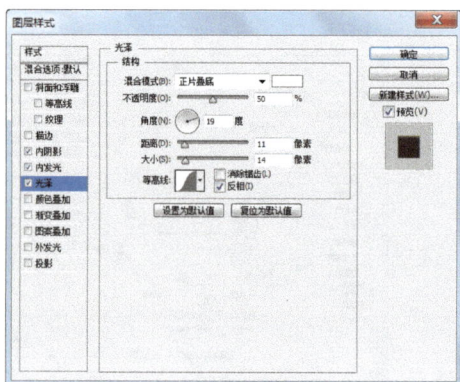

图 11-63   图 11-64

（10）选择"颜色叠加"选项，切换到相应的对话框，将叠加颜色设置为白色，其他选项的设置如图 11-65 所示，单击"确定"按钮，图像效果如图 11-66 所示。液化文字制作完成。

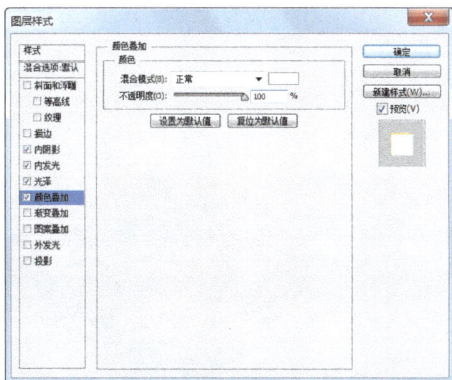

图 11-65　　　　　　　　　　　　　　　　图 11-66

11.3.5　液化滤镜

应用液化滤镜可以制作出各种类似液化的图像变形效果。

打开一幅图像。选择"滤镜 > 液化"命令，或按 Shift+Ctrl+X 组合键，弹出"液化"对话框，勾选右侧的"高级模式"复选框，如图 11-67 所示。

左侧的工具由上到下分别为向前变形工具、重建工具、顺时针旋转扭曲工具、褶皱工具、膨胀工具、左推工具、冻结蒙版工具、解冻蒙版工具、抓手工具和缩放工具。

工具选项："画笔大小"选项用于设置所选工

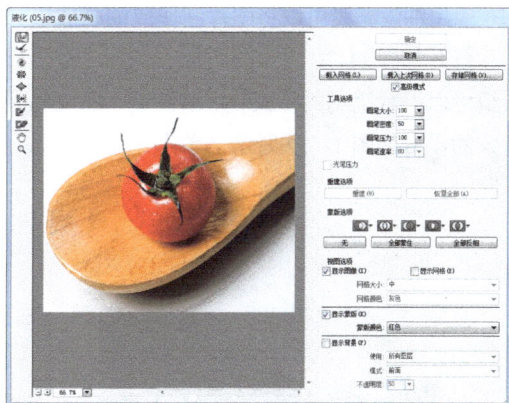

图 11-67

具的笔触大小；"画笔密度"选项用于设置画笔的浓重度；"画笔压力"选项用于设置画笔的压力，压力越小，变形的过程越慢；"画笔速率"选项用于设置画笔的绘制速度；"光笔压力"选项用于设置压感笔的压力。

重建选项："重建"按钮用于对变形的图像进行重置；"恢复全部"按钮用于将图像恢复到打开时的状态。

蒙版选项：用于选择通道蒙版的形式。选择"无"按钮，可以不制作蒙版；选择"全部蒙住"按钮，可以为全部的区域制作蒙版；选择"全部反相"按钮，可以解冻蒙版区域并冻结剩余的区域。

视图选项：勾选"显示图像"复选框可以显示图像；勾选"显示网格"复选框可以显示网格，"网格大小"选项用于设置网格的大小，"网格颜色"选项用于设置网格的颜色；勾选"显示蒙版"复选框可以显示蒙版，"蒙版颜色"选项用于设置蒙版的颜色。勾选"显示背景"复选框，在"使用"下拉列表中可以选择"所有图层"，在"模式"下拉列表中可以选择不同的模式，在"不透明度"选项中可以设置不透明度。

在对话框中对图像进行变形，如图 11-68 所示，单击"确定"按钮，完成图像的液化变形，效果如图 11-69 所示。

图 11-68

图 11-69

11.3.6 油画滤镜

应用油画滤镜可以将图片制作成油画效果。

打开如图 11-70 所示的图像。选择"滤镜 > 油画"命令，弹出如图 11-71 所示的对话框。画笔选项组可以设置笔刷的样式化、清洁度、缩放和硬毛刷细节，光照选项组可以设置角的方向和亮光情况。具体的设置如图 11-72 所示，单击"确定"按钮，效果如图 11-73 所示。

图 11-70

图 11-71

图 11-72

图 11-73

11.3.7 消失点滤镜

应用消失点滤镜可以制作任意矩形对象的透视效果。

选中图像中的建筑物，生成选区，如图 11-74 所示。按 Ctrl + C 组合键复制选区中的图像，取消选区。选择"滤镜 > 消失点"命令，弹出"消失点"对话框，在对话框的左侧选择创建平面工具，在图像中单击定义 4 个角的节点，如图 11-75 所示。节点之间会自动连接成为透视平面，如图 11-76 所示。

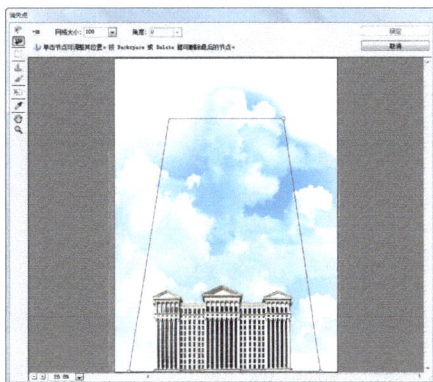
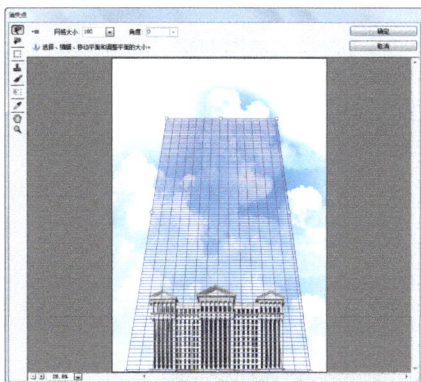

图 11-74   图 11-75   图 11-76

按 Ctrl + V 组合键将刚才复制的图像粘贴到对话框中，如图 11-77 所示。将粘贴的图像拖曳到透视平面中，如图 11-78 所示。

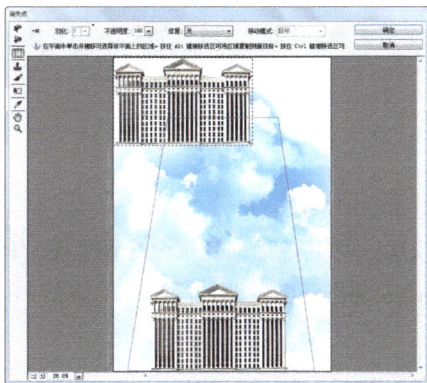
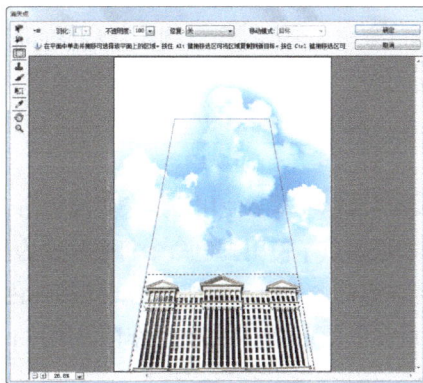

图 11-77   图 11-78

按住 Alt 键的同时，复制并向上拖曳建筑物，如图 11-79 所示。用相同的方法再复制并向上拖曳两次建筑物，如图 11-80 所示。单击"确定"按钮，建筑物的透视变形效果如图 11-81 所示。

在"消失点"对话框中，透视平面显示为蓝色时为有效的平面；显示为红色时为无效的平面，无法计算平面的长宽比，也无法拉出垂直平面；显示为黄色时为无效的平面，无法解析平面的所有消失点，如图 11-82 所示。

图 11-79　　　　　　　　　　　　图 11-80　　　　　　　　　　　　图 11-81

 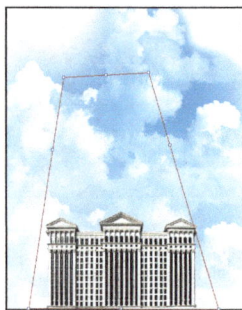 

蓝色透视平面　　　　　　　　　红色透视平面　　　　　　　　　黄色透视平面

图 11-82

功能介绍

杂色滤镜命令：杂色滤镜可创建与众不同的纹理或移去有问题的区域，如灰尘和划痕。

11.3.8　课堂案例——制作怀旧照片

【案例学习目标】学习使用添加杂色滤镜命令为图片添加杂色。

【案例知识要点】使用去色命令将图片变为黑白效果，使用亮度/对比度命令调整图片的亮度，使用添加杂色滤镜命令为图片添加杂色，使用纯色填充命令制作怀旧色调，最终效果如图 11-83 所示。

【效果所在位置】Ch11\效果\制作怀旧照片.psd。

图 11-83

（1）按 Ctrl＋O 组合键，打开本书学习资源中的"Ch11\ 素材 \ 制作怀旧照片 \01"文件，如图

11-84 所示。将"背景"图层拖曳到"图层"控制面板下方的"创建新图层"按钮 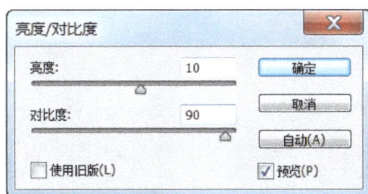 上进行复制，生成"背景 副本"图层。选择"图像 > 调整 > 去色"命令，去除图像颜色。选择"图像 > 调整 > 亮度/对比度"命令，在弹出的对话框中进行设置，如图 11-85 所示，单击"确定"按钮，效果如图 11-86 所示。

图 11-84

图 11-85

图 11-86

（2）选择"滤镜 > 杂色 > 添加杂色"命令，在弹出的对话框中进行设置，如图 11-87 所示，单击"确定"按钮，效果如图 11-88 所示。

（3）单击"图层"控制面板下方的"创建新的填充或调整图层"按钮 ，在弹出的菜单中选择"纯色填充"命令，生成"颜色填充 1"图层。同时弹出"拾色器"对话框，设置如图 11-89 所示，单击"确定"按钮。

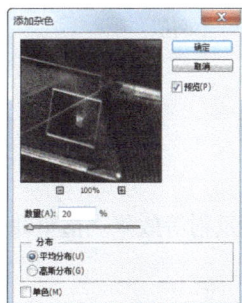
图 11-87

图 11-88

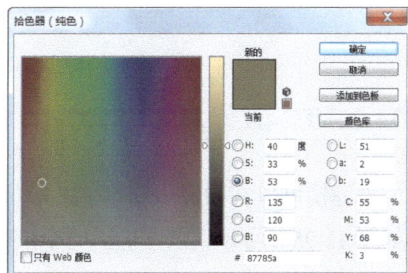
图 11-89

（4）在"图层"控制面板中，将"颜色填充 1"图层的混合模式选项设为"颜色"，图像效果如图 11-90 所示。

（5）按 Ctrl + O 组合键，打开本书学习资源中的"Ch11 \ 素材 \ 制作怀旧照片 \ 02"文件，如图 11-91 所示，选择移动工具 ，将图片拖曳到图像窗口中适当的位置，并调整其大小。此时，"图层"控制面板中会生成新的图层，将其命名为"划痕"。将该图层的混合模式选项设为"滤色"，图像效果如图 11-92 所示。怀旧照片制作完成。

图 11-90

图 11-91

图 11-92

11.3.9 杂色滤镜

应用杂色滤镜可以添加、去除杂色或带有随机分布色阶的像素，制作出与众不同的纹理。杂色滤镜的子菜单如图 11-93 所示。原图和应用不同的滤镜制作出的效果如图 11-94 所示。

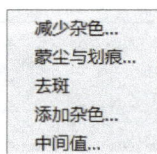

图 11-93

原图   减少杂色   蒙尘与划痕

去斑   添加杂色   中间值

图 11-94

11.3.10 渲染滤镜

渲染滤镜可以在图像中创建 3D 形状、云彩图案、折射图案和模拟的光反射等效果。渲染滤镜子菜单如图 11-95 所示。原图和应用不同的滤镜制作出的效果如图 11-96 所示。

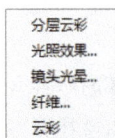

图 11-95

原图   分层云彩   光照效果

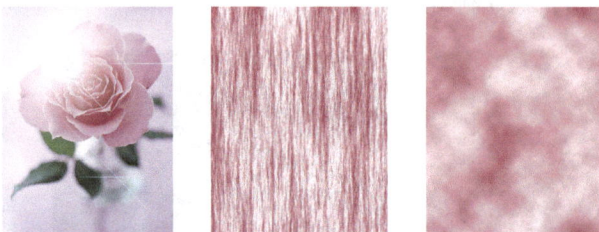

镜头光晕   纤维   云彩

图 11-96

11.3.11　像素化滤镜

像素化滤镜可以用于将图像分块或将图像平面化。像素化滤镜子菜单如图 11-97 所示。原图和应用不同的滤镜制作出的效果如图 11-98 所示。

图 11-97　　　　　原图　　　　　彩块化　　　　　彩色半调　　　　　点状化

晶格化　　　　　马赛克　　　　　碎片　　　　　铜版雕刻

图 11-98

功能介绍

中间值滤镜命令：可以用来减少选区像素亮度混合时产生的噪波，它利用一个区域内的平均亮度值来取代区域中心的亮度值。

11.3.12　课堂案例——制作淡彩钢笔画

【案例学习目标】学习使用滤镜库中的照亮边缘滤镜和中间值滤镜制作需要的效果。

【案例知识要点】使用去色命令、照亮边缘命令、图层混合模式选项和中间值滤镜命令制作淡彩钢笔画，最终效果如图 11-99 所示。

【效果所在位置】Ch11\效果\制作淡彩钢笔画.psd。

图 11-99

（1）按 Ctrl + O 组合键，打开本书学习资源中的"Ch11 \ 素材 \ 制作淡彩钢笔画 \ 01"文件，如图 11-100 所示。将"背景"图层拖曳到"图层"控制面板下方的"创建新图层"按钮 上进行复制，生成新的"背景 副本"图层，如图 11-101 所示。选择"图像 > 调整 > 去色"命令，去除图像的颜色，效果如图 11-102 所示。

图 11-100　　　　　　　　　　　图 11-101　　　　　　　　　　　图 11-102

（2）选择"滤镜 > 滤镜库"命令，在弹出的对话框中进行设置，如图 11-103 所示，单击"确定"按钮，图像效果如图 11-104 所示。

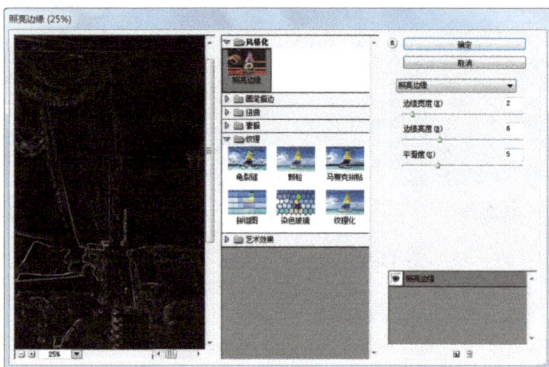
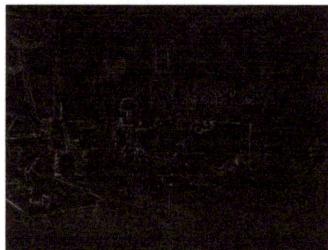

图 11-103　　　　　　　　　　　　　　　　图 11-104

（3）按 Ctrl+I 组合键，对图像进行反相操作，效果如图 11-105 所示。在"图层"控制面板中，将"背景 副本"图层的混合模式选项设为"叠加"，如图 11-106 所示，图像效果如图 11-107 所示。

图 11-105　　　　　　　　　　　图 11-106　　　　　　　　　　　图 11-107

（4）将"背景"图层拖曳到"图层"控制面板下方的"创建新图层"按钮 上进行复制，生成新的"背景 副本 2" 图层，如图 11-108 所示。

（5）选择"滤镜 > 杂色 > 中间值"命令，在弹出的对话框中进行设置，如图 11-109 所示，单击"确定"按钮，图像效果如图 11-110 所示。淡彩钢笔画制作完成。

图 11-108

图 11-109

图 11-110

11.3.13　风格化滤镜

应用风格化滤镜可以生成印象派及其他风格画派作品的效果。风格化滤镜子菜单如图 11-111 所示。原图和应用不同的滤镜制作出的效果如图 11-112 所示。

图 11-111　　　　　　原图　　　　　　　　查找边缘　　　　　　　等高线　　　　　　　　风

浮雕效果　　　　　　扩散　　　　　　　　拼贴　　　　　　　曝光过度　　　　　　凸出

图 11-112

功能介绍

模糊滤镜：可以使图像中过于清晰或对比度强烈的区域产生模糊效果。
纹理化滤镜：可以对图像应用纹理。

11.3.14　课堂案例——制作舞蹈宣传单

【案例学习目标】学习使用"滤镜"菜单下的模糊命令和风格化命令制作褶皱效果。

【案例知识要点】使用风格化命令和模糊命令制作褶皱效果，使用滤镜库命令制作图片纹理，最终效果如图 11-113 所示。

【效果所在位置】Ch11\效果\制作舞蹈宣传单.psd。

图 11-113

（1）按 Ctrl + N 组合键，新建一个文件，宽度为 15 厘米，高度为 22.5 厘米，分辨率为 300 像素/英寸，颜色模式为 RGB，背景颜色为白色。按 D 键恢复默认的前景色和背景色。

（2）选择"滤镜 > 渲染 > 分层云彩"命令，应用滤镜。按 Ctrl+F 组合键，重复上一步操作，效果如图 11-114 所示。选择"滤镜 > 风格化 > 浮雕效果"命令，在弹出的对话框中进行设置，如图 11-115 所示，单击"确定"按钮，效果如图 11-116 所示。

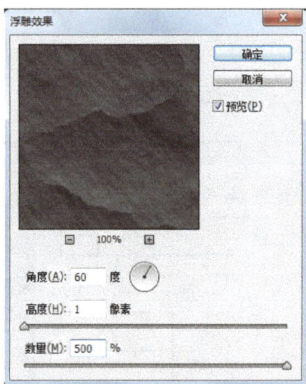

图 11-114   图 11-115   图 11-116

（3）选择"滤镜 > 模糊 > 高斯模糊"命令，在弹出的对话框中进行设置，如图 11-117 所示，单击"确定"按钮，效果如图 11-118 所示。

（4）按 Ctrl + O 组合键，打开本书学习资源中的"Ch11 \ 素材 \ 制作舞蹈宣传单 \ 01"文件，选择移动工具，将图片拖曳到图像窗口中适当的位置。此时，"图层"控制面板中会生成新图层，将其命名为"人物图片"。将该图层的混合模式选项设为"叠加"，如图 11-119 所示，效果如图 11-120 所示。

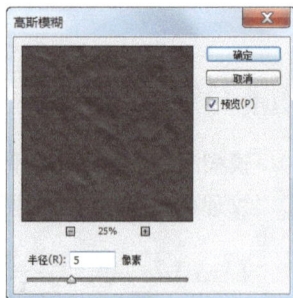

图 11-117

图 11-118　　　　　　　图 11-119　　　　　　　图 11-120

（5）选择"滤镜 > 滤镜库"命令，在弹出的对话框中进行设置，如图 11-121 所示，单击"确定"按钮，效果如图 11-122 所示。

图 11-121　　　　　　　　　　　　　　　图 11-122

（6）单击"图层"控制面板下方的"创建新的填充或调整图层"按钮 ，在弹出的菜单中选择"色彩平衡"命令，生成"色彩平衡 1"图层。同时在弹出的"色彩平衡"面板中进行设置，如图 11-123 所示，效果如图 11-124 所示。

（7）按 Ctrl + O 组合键，打开本书学习资源中的"Ch11 \ 素材 \ 制作舞蹈宣传单 \ 02"文件，选择移动工具 ，将图片拖曳到图像窗口中适当的位置。此时，"图层"控制面板中会生成新图层，将其命名为"舞"。将该图层的混合模式选项设为"柔光"，如图 11-125 所示，效果如图 11-126 所示。舞蹈宣传单制作完成，效果如图 11-127 所示。

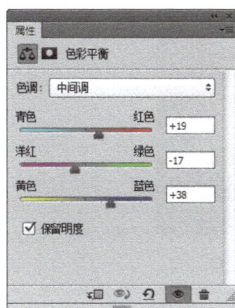

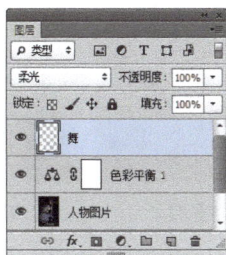

图 11-123　　　　图 11-124　　　　图 11-125　　　　图 11-126　　　　图 11-127

11.3.15　模糊滤镜

模糊滤镜可以使图像中过于清晰或对比度强烈的区域产生模糊效果。此外，也可用于制作柔和阴影。模糊滤镜子菜单如图 11-128 所示。原图和应用不同滤镜制作出的效果如图 11-129 所示。

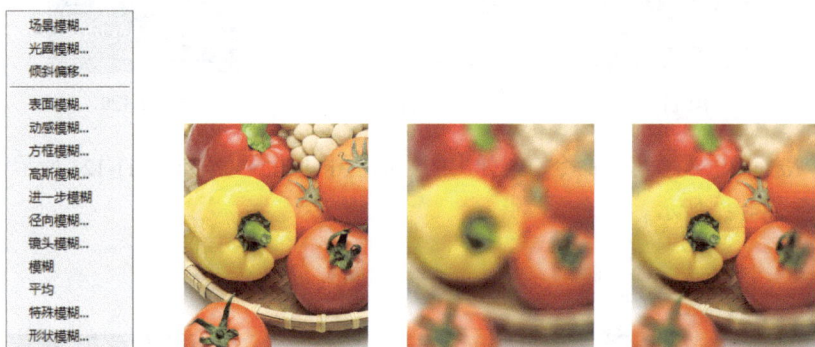

| 图 11-128 | 原图 | 场景模糊 | 光圈模糊 |

倾斜偏移　　　　表面模糊　　　　动感模糊　　　　方框模糊

高斯模糊　　　　进一步模糊　　　　径向模糊　　　　镜头模糊

模糊　　　　平均　　　　特殊模糊　　　　形状模糊

图 11-129

11.3.16　扭曲滤镜

扭曲滤镜可以生成一组从波纹到扭曲的图像变形效果。扭曲滤镜子菜单如图 11-130 所示。原图和应用不同滤镜制作出的效果如图 11-131 所示。

图 11-130　　　　原图　　　　　　波浪　　　　　　波纹　　　　　　极坐标　　　　　　挤压

切变　　　　　　球面化　　　　　　水波　　　　　　旋转扭曲　　　　　　置换

图 11-131

11.3.17　锐化滤镜

锐化滤镜可以对图像和图像边缘进行清晰化处理，提高对比度。此组滤镜可减弱图像修改后产生的模糊效果。锐化滤镜子菜单如图 11-132 所示。原图和应用不同滤镜制作出的效果如图 11-133 所示。

图 11-132　　　　原图　　　　　　USM 锐化　　　　进一步锐化

锐化　　　　　　锐化边缘　　　　智能锐化

图 11-133

11.3.18 智能滤镜

智能滤镜是针对智能对象使用的、可调节滤镜效果的一种应用模式。

在"图层"控制面板中，选中要应用滤镜的图层，如图 11-134 所示。选择"滤镜 > 转换为智能滤镜"命令，弹出提示对话框，提示将选中的图层转换为智能对象，单击"确定"按钮，"图层"控制面板如图 11-135 所示。选择"滤镜 > 模糊 > 动感模糊"命令，为图像添加模糊效果，在"图层"控制面板中，此图层的下方显示出滤镜名称，如图 11-136 所示，普通滤镜被转换为智能滤镜。

双击"图层"控制面板中要修改参数的滤镜名称，在弹出的对话框中重新设置参数，可以随时调整智能滤镜的参数来改变图像的效果。单击滤镜名称右侧的"双击以编辑滤镜混合选项"图标 ，弹出"混合选项"对话框，在对话框中可以设置滤镜效果的模式和不透明度，如图 11-137 所示。

图 11-134

图 11-135

图 11-136

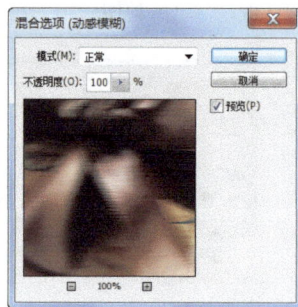
图 11-137

11.4 滤镜的使用技巧

重复使用滤镜、对图像局部和通道使用滤镜等可以使图像产生更加丰富的变化。

11.4.1 重复使用滤镜

在使用一次滤镜后，如果效果不理想，可以按 Ctrl+F 组合键，重复使用滤镜。重复使用染色玻璃滤镜的不同效果如图 11-138 所示。

图 11-138

11.4.2 对图像局部使用滤镜

对图像局部使用滤镜，是常用的处理图像的方法。

在要应用的图像上绘制选区，如图 11-139 所示。对选区中的图像使用球面化滤镜，效果如图 11-140 所示。

如果对选区进行羽化后再使用滤镜，就可以得到与原图融为一体的效果。在"羽化选区"对话框中设置羽化半径的数值，如图 11-141 所示。对选区进行羽化后再使用滤镜，效果如图 11-142 所示。

  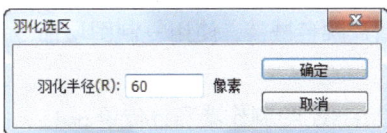 

图 11-139   图 11-140   图 11-141   图 11-142

11.4.3 对通道使用滤镜

分别对图像的各个通道使用滤镜，结果和对图像使用滤镜的效果是一样的。对图像的单个通道使用滤镜，可以得到一种非常好的特殊效果。原始图像如图 11-143 所示。对图像的绿、蓝通道分别使用径向模糊滤镜，效果如图 11-144 所示。

图 11-143   图 11-144

11.4.4 对滤镜效果进行调整

对图像应用点状化滤镜后，效果如图 11-145 所示。按 Shift+Ctrl+F 组合键，弹出"渐隐"对话框，调整不透明度并选择模式，如图 11-146 所示。单击"确定"按钮，滤镜效果产生变化，如图 11-147 所示。

图 11-145　　　　　　　　　图 11-146　　　　　　　　　图 11-147

课堂练习——制作淡彩宣传单

【练习知识要点】使用去色命令将花图片去色，使用照亮边缘滤镜命令、混合模式选项、反向命令和色阶命令将花图片颜色减淡，使用复制图层命令和混合模式选项制作淡彩效果，最终效果如图 11-148 所示。

【效果所在位置】Ch11\效果\制作淡彩宣传单.psd。

图 11-148

课后习题——制作海洋拼贴画

【习题知识要点】使用马赛克拼贴滤镜命令、磁性套索工具和添加图层样式命令制作拼图，最终效果如图 11-149 所示。

【效果所在位置】Ch11\效果\制作海洋拼贴画.psd。

图 11-149

第12章

商业案例实训

本章介绍

本章结合多个商业案例，进一步讲解 Photoshop 的各项功能和使用技巧。读者在学习商业案例并完成大量商业练习和习题后，可以快速地掌握商业案例设计的理念和软件操作的技术要点，设计制作出专业的作品。

学习目标

- 掌握软件基本功能的使用方法。
- 了解 Photoshop 的常用设计领域。
- 掌握 Photoshop 在不同设计领域的使用技巧。

技能目标

- 掌握"手机相机图标"的制作方法。
- 掌握"阳光女孩照片模板"的制作方法。
- 掌握"化妆品网店店招和导航条"的制作方法。
- 掌握"咖啡广告"的制作方法。
- 掌握"曲奇包装"的制作方法。

12.1 制作手机相机图标

12.1.1 项目背景及要求

1．客户名称

毛艺设计。

2．客户需求

毛艺设计是一家以 App 制作、软件开发、网页设计等为主的设计开发类工作室，得到众多客户的一致好评。公司现阶段需要为新开发的精修图相机设计一款图标，要求使用扁平化的表现形式表达出相机的特征。图标要有极高的辨识度，能够体现出镜头的光晕和神秘感。

3．设计要求

（1）设计最常见的圆角矩形的图标。

（2）设计图标用扁平化的手法。

（3）画面色彩要对比强烈，使摄像图标具有立体感。

（4）设计风格具有特色，能够吸引用户的眼球。

（5）设计规格为 230 毫米（宽）×230 毫米（高），分辨率为 72 像素/英寸。

12.1.2 项目素材及要点

1．设计素材

文字素材所在位置：本书学习资源中的“Ch12\素材\制作手机相机图标\文字文档”。

2．设计作品

设计作品效果所在位置：本书学习资源中的“Ch12\效果\制作手机相机图标.psd”，如图 12-1 所示。

图 12-1

3．制作要点

使用圆角矩形工具、矩形工具、椭圆工具和直线工具绘制相机图标。

12.1.3　案例制作步骤

（1）打开 Photoshop CS6 软件，按 Ctrl+N 组合键，新建一个文件，宽度为 660 像素，高度为 660 像素，分辨率为 72 像素/英寸，颜色模式为 RGB，背景内容为白色。

（2）选择圆角矩形工具 ▣，在属性栏的"选择工具模式"选项中选择"形状"，将"填充"选项设为浅灰色（其 R、G、B 的值分别为 241、236、233），"半径"选项设为 160 像素，在图像窗口中绘制圆角矩形，如图 12-2 所示。"图层"控制面板中会生成新的形状图层，将其命名为"圆角矩形"。

（3）单击"图层"控制面板下方的"添加图层样式"按钮 *fx*，在弹出的菜单中选择"斜面和浮雕"命令，弹出对话框，选项的设置如图 12-3 所示。单击"确定"按钮，效果如图 12-4 所示。

图 12-2 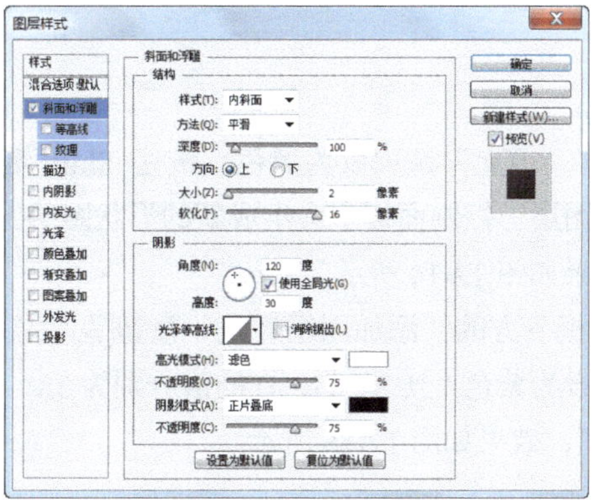　　　　　　　　　图 12-3　　　　　　　　　图 12-4

（4）选择矩形工具 ▣，在属性栏的"选择工具模式"选项中选择"形状"，将"填充"选项设为橙色（其 R、G、B 的值分别为 250、171、76），在图像窗口中绘制矩形，如图 12-5 所示。"图层"控制面板中会生成新的形状图层，将其命名为"橙色矩形"。用相同的方法添加其他矩形，并填充适当的颜色，如图 12-6 所示。

（5）按住 Shift 键的同时，单击"橙色矩形"图层和"绿色矩形"图层，选取需要的图层，如图 12-7 所示。按 Ctrl + Alt+G 组合键，为选中的图层创建剪贴蒙版，效果如图 12-8 所示。

（6）选择椭圆工具 ▣，在属性栏的"选择工具模式"选项中选择"形状"，将"填充"选项设为白色，按住 Shift 键的同时，在图像窗口中绘制圆形，效果如图 12-9 所示。"图层"控制面板中会生成新的形状图层，将其命名为"白色圆形"。

图 12-5 　　　　　图 12-6 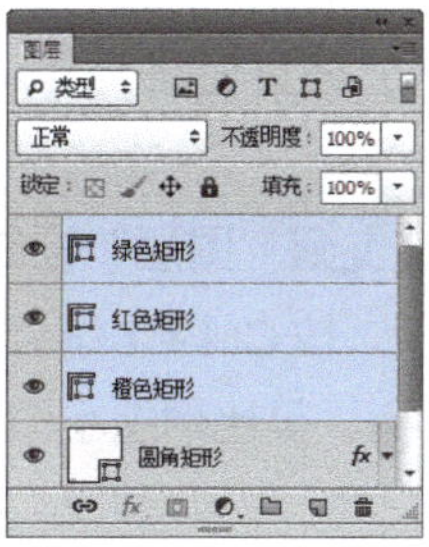　　　　　图 12-7 　　　　　图 12-8 　　　　　图 12-9

（7）单击"图层"控制面板下方的"添加图层样式"按钮 **fx.**，在弹出的菜单中选择"投影"命令，弹出对话框，将投影颜色设为黑色，其他选项的设置如图 12-10 所示；选择"斜面和浮雕"命令，切换到相应的对话框，选项的设置如图 12-11 所示。单击"确定"按钮，效果如图 12-12 所示。

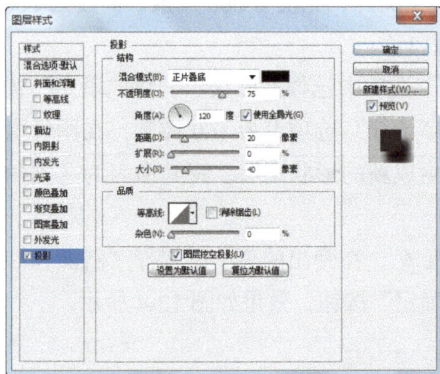
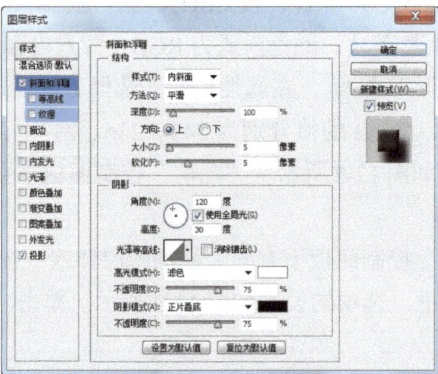

| 图 12-10 | 图 12-11 | 图 12-12 |

（8）选择椭圆工具 **◉**，将"填充"选项设为黑色，按住 Shift 键的同时，在图像窗口中绘制圆形，效果如图 12-13 所示。"图层"控制面板中会生成新的形状图层，将其命名为"黑色圆形"。用相同的方法绘制其他圆形，效果如图 12-14 所示。

（9）单击"图层"控制面板下方的"添加图层样式"按钮 **fx.**，在弹出的菜单中选择"描边"命令，弹出对话框，将描边颜色设为紫色（其 R、G、B 的值分别为 38、6、37），其他选项的设置如图 12-15 所示。单击"确定"按钮，效果如图 12-16 所示。

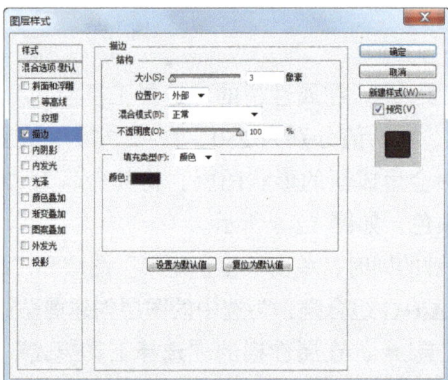

| 图 12-13 | 图 12-14 | 图 12-15 | 图 12-16 |

（10）选择椭圆工具 **◉**，将"填充"选项设为墨绿色（其 R、G、B 的值分别为 8、30、27），按住 Shift 键的同时，在图像窗口中绘制圆形，效果如图 12-17 所示。"图层"控制面板中会生成新的形状图层，将其命名为"绿色圆形"。

（11）选择"绿色圆形"图层，将其拖曳到"图层"控制面板下方的"创建新图层"按钮 **▣** 上进行复制，生成新的图层"绿色圆形 副本"。按 Ctrl + T 组合键，图像周围出现变换框，按住 Alt+Shift 组合键的同时，向内拖曳右上角的控制手柄，等比例缩小图形，按 Enter 键确认操作，效果如图 12-18 所示。

（12）单击"图层"控制面板下方的"添加图层样式"按钮 **fx.**，在弹出的菜单中选择"渐变叠加"命令，弹出对话框，单击对话框中的"点按可编辑渐变"按钮 ![gradient] ，弹出"渐变编辑器"对话框，将渐变色设为从深绿色（其 R、G、B 的值分别为 0、18、1）到浅绿色（其 R、G、B 的值分别为 85、122、125），其他选项的设置如图 12-19 所示。单击"确定"按钮，效果如图 12-20 所示。

  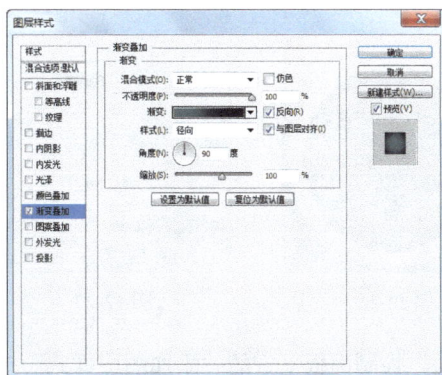 

　　图 12-17　　　　　　　　图 12-18　　　　　　　　　　　　　图 12-19　　　　　　　　　　　　图 12-20

　　（13）选择椭圆工具 ![ellipse] ，将"填充"选项设为墨绿色（其 R、G、B 的值分别为 8、30、27），按住 Shift 键的同时，在图像窗口中绘制圆形，效果如图 12-21 所示。"图层"控制面板中会生成新的形状图层，将其命名为"绿色圆形 2"。

　　（14）选择"绿色圆形 2"图层，将其拖曳到"图层"控制面板下方的"创建新图层"按钮 ![new] 上进行复制，生成新的图层"绿色圆形 2 副本"。按 Ctrl + T 组合键，图像周围出现变换框，按住 Alt+Shift 组合键的同时，向内拖曳右上角的控制手柄，等比例缩小图形，按 Enter 键确认操作，效果如图 12-22 所示。

　　　　　　　　图 12-21　　　　　　　　　图 12-22

　　（15）选取"绿色圆形 2"图层和"绿色圆形 2 副本"图层，单击鼠标右键，在弹出的菜单中选择"栅格化图层"命令，栅格化图层，如图 12-23 所示。按住 Ctrl 键的同时，单击"绿色圆形 2 副本"图层缩览图，如图 12-24 所示；图层"绿色圆形 2 副本"的图像周围生成选区，如图 12-25 所示。

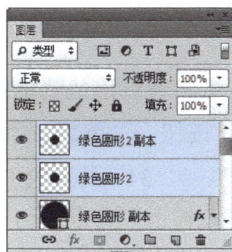 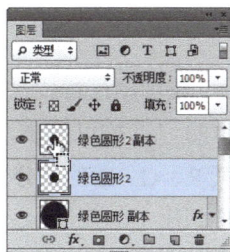 

　　　图 12-23　　　　　　　　图 12-24　　　　　　　　图 12-25

（16）选择"绿色圆形 2"图层。按 Delete 键，删除该图层选区内的图像，按 Ctrl + D 组合键，取消选区，效果如图 12-26 所示。将"绿色圆形 2"图层重命名为"圆环"，并删除"绿色圆形 2 副本"图层，如图 12-27 所示，效果如图 12-28 所示。

图 12-26   图 12-27   图 12-28

（17）单击"图层"控制面板下方的"添加图层样式"按钮 fx，在弹出的菜单中选择"渐变叠加"命令，弹出对话框，单击对话框中的"点按可编辑渐变"按钮 ▭，弹出"渐变编辑器"对话框，将渐变色设为从墨绿色（其 R、G、B 的值分别为 3、40、47）到浅绿色（其 R、G、B 的值分别为 52、81、83），到墨绿色（其 R、G、B 的值分别为 13、41、51）再到浅绿色（其 R、G、B 的值分别为 52、81、83），如图 12-29 所示，其他选项的设置如图 12-30 所示。单击"确定"按钮，效果如图 12-31 所示。

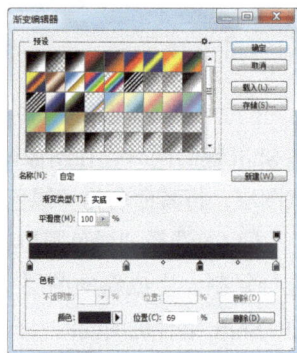

图 12-29

（18）选择椭圆工具 ◯，将"填充"选项设为黑色，按住 Shift 键的同时，在图像窗口中绘制圆形，效果如图 12-32 所示。"图层"控制面板中会生成新的形状图层，将其命名为"蓝色圆形"。

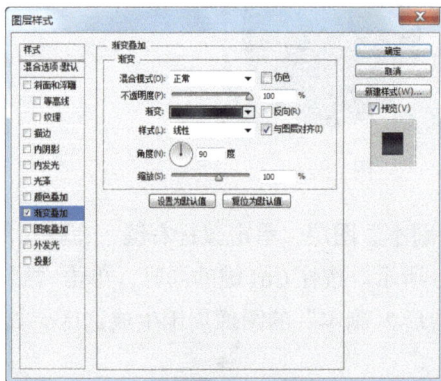

图 12-30   图 12-31   图 12-32

（19）单击"图层"控制面板下方的"添加图层样式"按钮 fx，在弹出的菜单中选择"渐变叠加"命令，弹出对话框，单击对话框中的"点按可编辑渐变"按钮 ▭，弹出"渐变编辑器"对话框，将渐变色设为从深蓝色（其 R、G、B 的值分别为 5、9、34）到蓝色（其 R、G、B 的值分别为 7、7、34），其他选项的设置如图 12-33 所示。选择"描边"命令，切换到相应的对话框，选项的设置如图 12-34 所示。单击"确定"按钮，效果如图 12-35 所示。

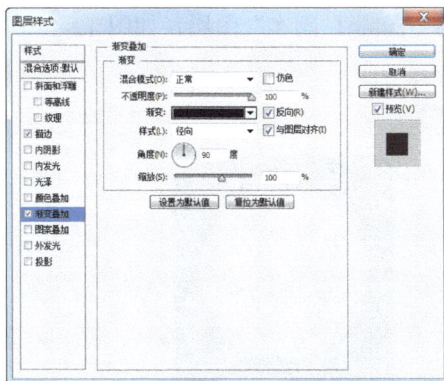

图 12-33

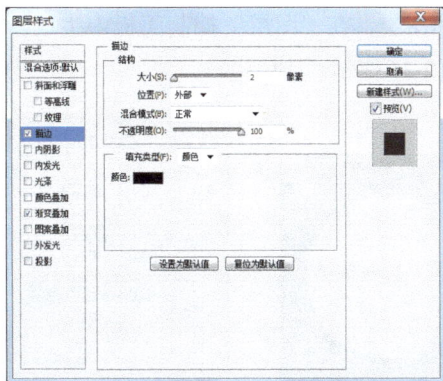

图 12-34

图 12-35

（20）选择椭圆工具 ，将"填充"选项设为白色，按住 Shift 键的同时，在图像窗口中绘制椭圆形，效果如图 12-36 所示。"图层"控制面板中会生成新的形状图层，将其命名为"白色圆形"。用相同的方法添加其他椭圆形，效果如图 12-37 所示。

（21）在"图层"控制面板中，按住 Ctrl 键的同时，选择"白色椭圆 3"图层和"白色椭圆 4"图层，将"不透明度"选项设为 52%，如图 12-38 所示，图像效果如图 12-39 所示。

图 12-36

图 12-37

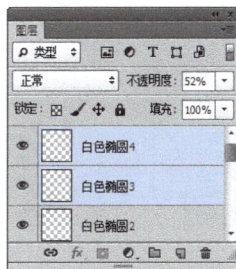

图 12-38

图 12-39

（22）选择矩形工具 ，将"填充"选项设为白色，在图像窗口中绘制矩形，如图 12-40 所示。"图层"控制面板中会生成新的形状图层，将其命名为"白色矩形"。在"图层"控制面板中，将"不透明度"选项设为 52%，如图 12-41 所示，图像效果如图 12-42 所示。

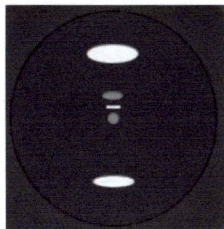

图 12-40

图 12-41

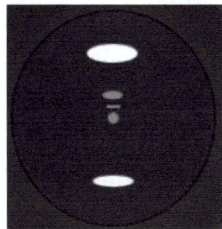

图 12-42

（23）选择椭圆工具 ，将"填充"选项设为白色，在图像窗口中绘制椭圆形，效果如图 12-43 所示。"图层"控制面板中会生成新的形状图层，将其命名为"椭圆 1"。

（24）选择移动工具 ，按住 Shift+Alt 组合键的同时，在图像窗口中拖曳白色椭圆形到适当的位置，复制图形和图层，在"图层"控制面板中生成新的"椭圆 1 副本"图层，如图 12-44 所示，图像效果如图 12-45 所示。

图 12-43

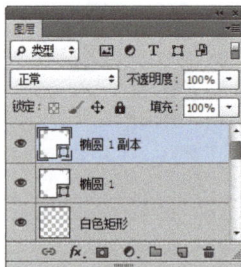
图 12-44

图 12-45

（25）按住 Shift 键的同时，选择"椭圆 1"图层和"椭圆 1 副本"图层，单击鼠标右键，在弹出的菜单中选择"栅格化图层"命令，栅格化图层，如图 12-46 所示。选择"椭圆 1"图层，按住 Ctrl 键的同时，单击"椭圆 1 副本"图层缩览图，如图 12-47 所示；"椭圆 1 副本"图层的图像周围生成选区，如图 12-48 所示。

图 12-46

图 12-47

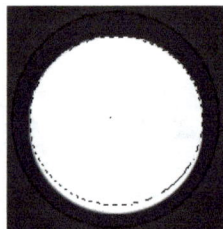
图 12-48

（26）按 Delete 键，删除"椭圆 1"图层选区内的图像。按 Ctrl + D 组合键，取消选区，效果如图 12-49 所示。将"椭圆 1"图层重命名为"月牙"，并删除"椭圆 1 副本"图层，如图 12-50 所示，效果如图 12-51 所示。

图 12-49

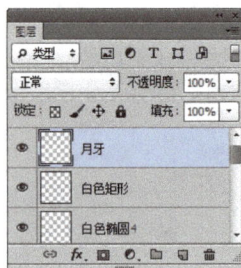
图 12-50

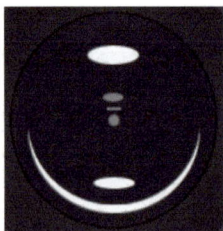
图 12-51

（27）在"图层"控制面板中，将"月牙"图层的"不透明度"选项设为 32%，如图 12-52 所示，效果如图 12-53 所示。选择移动工具，按住 Alt + Shift 组合键的同时，在图像窗口中拖曳月牙图形到适当的位置，复制月牙图形，效果如图 12-54 所示。"图层"控制面板中会生成新的"月牙 副本"图层，如图 12-55 所示。

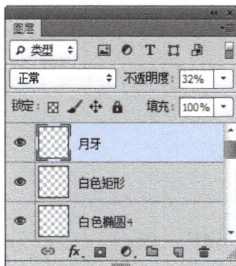

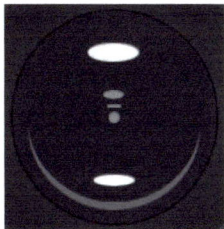

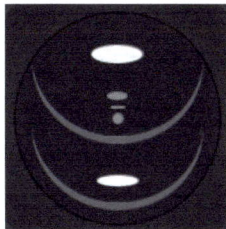

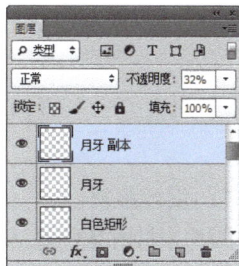

图 12-52　　　　　　　图 12-53　　　　　　　图 12-54　　　　　　　图 12-55

（28）按 Ctrl + T 组合键，图像周围出现变换框，按住 Alt + Shift 组合键的同时，向内拖曳右上角的控制手柄，等比例缩小图形，如图 12-56 所示。在变换框中单击鼠标右键，在弹出的菜单中选择"垂直翻转"命令，按 Enter 键确认操作，效果如图 12-57 所示。

（29）按住 Shift 键的同时，单击"圆角矩形"图层和"月牙 副本"图层，选取全部图层，按 Ctrl + G 组合键，将图层编组，并将其命名为"相机图标"，如图 12-58 所示。手机相机图标绘制完成，效果如图 12-59 所示。

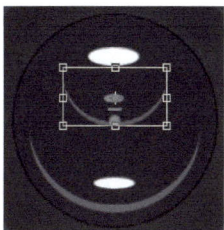

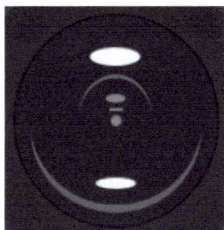

图 12-56　　　　　　　图 12-57　　　　　　　图 12-58　　　　　　　图 12-59

课堂练习 1——制作音乐播放器界面

练习 1.1　　项目背景及要求

1．客户名称
时限设计公司。

2．客户需求
时限设计公司是一家以 App 制作、平面设计、网页设计等为主的设计工作室。公司最近需要为新研发的音乐软件设计一款客户端 App 界面，要求界面整体简洁美观，板块分类清晰明了。

3．设计要求
（1）使用淡蓝色背景，在视觉上给人舒适、放松的感觉。

（2）界面整体设计能够凸显音乐的魅力。

（3）界面简洁明了，图文搭配合理。

（4）添加一些板块分类元素，起到丰富界面的作用。

（5）设计规格为 350 毫米（宽）×350 毫米（高），分辨率为 72 像素/英寸。

练习 1.2　项目素材及要点

1．设计素材
图片素材所在位置：本书学习资源中的"Ch12\素材\制作音乐播放器界面\01～06"。
文字素材所在位置：本书学习资源中的"Ch12\素材\制作音乐播放器界面\文字文档"。

2．设计作品
设计作品效果所在位置：本书学习资源中的"Ch12\效果\制作音乐播放器界面.psd"，如图 12-60
所示。

图 12-60

3．制作要点
使用圆角矩形工具、添加图层样式、剪贴蒙版、图层蒙版和渐变工具制作歌手名片，使用置入命
令添加装饰元素，使用文字工具添加歌曲信息。

课堂练习2——制作手机 App 界面 1

练习 2.1　项目背景及要求

1．客户名称
达林诺餐厅。

2．客户需求
达林诺餐厅是一家专门烹饪传统中国菜的餐饮公司。现需要设计一款用于美食 App 登录、注册的
界面，要求能够吸引顾客的眼球，体现餐厅的特色，操作简单，内容简洁。

3．设计要求
（1）使用深蓝色的背景，给人沉稳和踏实感，同时起到衬托作用，突出网页主体。
（2）登录、注册界面就是餐厅的大门，要显得干净整洁。
（3）按钮的设计要符合大多数人的使用习惯。
（4）整体设计美观大方，能够彰显餐厅的特色。
（5）设计规格为 353 毫米（宽）×670 毫米（高），分辨率为 72 像素/英寸。

练习 2.2　项目素材及要点

1．设计素材

图片素材所在位置：本书学习资源中的"Ch12\素材\制作手机 App 界面 1\01～04"。

文字素材所在位置：本书学习资源中的"Ch12\素材\制作手机 App 界面 1\文字文档"。

2．设计作品

设计作品效果所在位置：本书学习资源中的"Ch12\效果\制作手机 App 界面 1.psd"，如图 12-61 所示。

图 12-61

3．制作要点

使用移动工具、渐变工具和图层蒙版添加素材图片，使用圆角矩形工具和横排文字工具制作登录、注册按钮和文字说明信息。

课后习题 1——制作手机 App 界面 2

习题 1.1　项目背景及要求

1．客户名称

达林诺餐厅。

2．客户需求

达林诺餐厅是一家专门烹饪传统中国菜的餐饮公司。现需要设计一款美食分类界面，要求图片采用本店真实的美食产品，分类简单易懂，节省顾客选择的时间，能够更好地服务顾客。

3．设计要求

（1）使用深蓝色的背景衬托前方的食物，能瞬间抓住人们的视线，引发购买欲望。

（2）美食分类要简单易懂。

（3）图片与文字要合理搭配，主次明确。

（4）整体设计美观大方，能够彰显餐厅的特色。

（5）设计规格为 353 毫米（宽）×670 毫米（高），分辨率为 72 像素/英寸。

习题 1.2　项目素材及要点

1. 设计素材

图片素材所在位置：本书学习资源中的"Ch12\素材\制作手机 App 界面 2\01 ~ 09"。

文字素材所在位置：本书学习资源中的"Ch12\素材\制作手机 App 界面 2\文字文档"。

2. 设计作品

设计作品效果所在位置：本书学习资源中的"Ch12\效果\制作手机 App 界面 2.psd"，如图 12-62 所示。

图 12-62

3. 制作要点

使用置入命令、矩形工具和剪贴蒙版制作美食展示图片，使用横排文字工具添加文字信息，设置不透明度编辑素材图片。

课后习题 2——制作手机 App 界面 3

习题 2.1　项目背景及要求

1. 客户名称

达林诺餐厅。

2. 客户需求

达林诺餐厅是一家专门烹饪传统中国菜的餐饮公司。现需要设计一款今日美食菜单栏目界面，用来宣传本店的特色和介绍餐厅的美食，为顾客提供线上订餐，能够更好地服务顾客。

3. 设计要求

（1）使用深蓝色的背景，给人沉稳和踏实的感觉。

（2）界面要显得干净整洁，美食图片要真实。

（3）图片与文字要合理搭配，文字说明性强，能够节省顾客选择的时间。

（4）整体设计美观大方，能够彰显餐厅的特色。

（5）设计规格为 353 毫米（宽）×670 毫米（高），分辨率为 72 像素/英寸。

习题 2.2　项目素材及要点

1．设计素材

图片素材所在位置：本书学习资源中的"Ch12\素材\制作手机 App 界面 3\01～09"。

文字素材所在位置：本书学习资源中的"Ch12\素材\制作手机 App 界面 3\文字文档"。

2．设计作品

设计作品效果所在位置：本书学习资源中的"Ch12\效果\制作手机 App 界面 3.psd"，如图 12-63 所示。

图 12-63

3．制作要点

使用矩形工具、渐变工具和剪贴蒙版制作美食展示图片和厨师名片，使用横排文字工具添加文字信息。

12.2　制作阳光女孩照片模板

12.2.1　项目背景及要求

1．客户名称

美奇摄影社。

2．客户需求

美奇摄影社是一家专门从事拍摄和对照片进行艺术加工处理的摄影社。本例是为女孩制作照片模板，要求体现出年轻人阳光、活泼的一面，同时给人理性、自律和沉稳的感觉。

3．设计要求

（1）使用蓝色为主色调，寓意理性自律、阳光智慧的个性。

（2）添加一些装饰图片，为画面增添活泼氛围。

（3）画面中图像与文字合理搭配，突出模板的主题。

（4）整体设计要符合阳光女孩的风格特色。

（5）设计规格为 400 毫米（宽）×200 毫米（高），分辨率为 100 像素/英寸。

12.2.2　项目素材及要点

1．设计素材

图片素材所在位置：本书学习资源中的"Ch12\素材\制作阳光女孩照片模板\01～11"。

文字素材所在位置：本书学习资源中的"Ch12\素材\制作阳光女孩照片模板\文字文档"。

2．设计作品

设计作品效果所在位置：本书学习资源中的"Ch12\效果\制作阳光女孩照片模板.psd"，如图 12-64 所示。

图 12-64

3．制作要点

使用图层蒙版命令和画笔工具制作背景合成效果，使用画笔工具绘制装饰星形，使用图层样式制作照片的立体效果，使用变换命令、图层蒙版和渐变工具制作照片投影，使用文字工具添加文字，使用椭圆选框工具和羽化命令制作白色边框。

12.2.3　案例制作步骤

1．制作背景效果

（1）按 Ctrl+N 组合键，新建一个文件，宽度为 40 厘米，高度为 20 厘米，分辨率为 300 像素/英寸，颜色模式为 RGB，背景内容为白色。

（2）选择渐变工具 ▣，单击属性栏中的"点按可编辑渐变"按钮 ▭，弹出"渐变编辑器"对话框，将渐变色设为从蓝色（其 R、G、B 值分别为 9、105、182）到深蓝色（其 R、G、B 值分别为 2、49、77），如图 12-65 所示，单击"确定"按钮。按住 Shift 键的同时，在图像窗口中从上向下拖曳鼠标填充渐变色，释放鼠标，效果如图 12-66 所示。

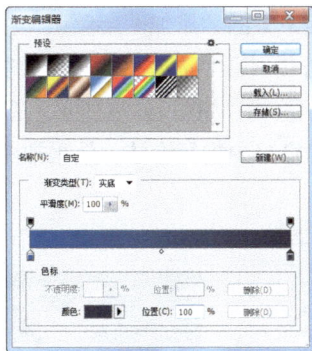
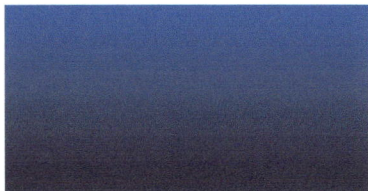

图 12-65　　　　　　　　　　　　　图 12-66

（3）按 Ctrl+O 组合键，打开本书学习资源中的"Ch12 \ 素材 \ 制作阳光女孩照片模板 \ 01"文件。选择移动工具，将 01 素材图片拖曳到图像窗口中适当的位置并调整其大小，效果如图 12-67 所示。"图层"控制面板中会生成新的图层，将其命名为"底图"。在"图层"控制面板中，将该图层的"不透明度"选项设为 5%，如图 12-68 所示，图像效果如图 12-69 所示。

图 12-67　　　　　　　　图 12-68　　　　　　　　图 12-69

2．添加并编辑图片和文字

（1）按 Ctrl+O 组合键，打开本书学习资源中的"Ch12 \ 素材 \ 制作阳光女孩照片模板 \ 02、03"文件。选择移动工具，分别将 02、03 图片拖曳到图像窗口中适当的位置并调整其大小，效果如图 12-70 所示。"图层"控制面板中会生成新的图层，将其分别命名为"线条"和"花纹 1"。在"图层"控制面板中，将"花纹 1"图层的"不透明度"选项设为 74%，如图 12-71 所示，图像效果如图 12-72 所示。

图 12-70　　　　　　　　图 12-71　　　　　　　　图 12-72

（2）按 Ctrl+O 组合键，打开本书学习资源中的"Ch12 \ 素材 \ 制作阳光女孩照片模板 \ 04"文件。选择移动工具，将 04 图片拖曳到图像窗口中适当的位置并调整其大小，效果如图 12-73 所示。"图层"控制面板中会生成新的图层，将其命名为"人物 1"。

（3）将前景色设置为黑色。单击"图层"控制面板下方的"添加图层蒙版"按钮 ，为"人物1"图层添加蒙版。选择画笔工具 ，在属性栏中单击"画笔"选项右侧的·按钮，弹出画笔选择面板，将"大小"选项设为500像素，"硬度"选项设为100%，如图12-74所示。在属性栏中将"不透明度"选项设为50%，"流量"选项设为50%，在图像窗口中进行涂抹，效果如图12-75所示。

图 12-73

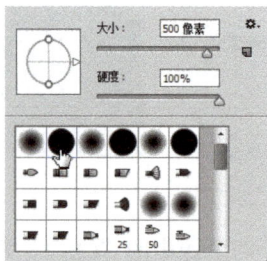
图 12-74

图 12-75

（4）在"图层"控制面板中，将"人物 1"图层的混合模式选项设为"明度"，"不透明度"选项设为30%，如图12-76所示，图像效果如图12-77所示。

（5）按 Ctrl+O 组合键，打开本书学习资源中的"Ch12 \ 素材 \ 制作阳光女孩照片模板 \ 05"文件。选择移动工具 ，将 05 图片拖曳到图像窗口中适当的位置并调整其大小，效果如图 12-78 所示。"图层"控制面板中会生成新的图层，将其命名为"人物 2"。

图 12-76

图 12-77

图 12-78

（6）单击"图层"控制面板下方的"添加图层样式"按钮 ，在弹出的菜单中选择"投影"命令，在弹出的对话框中进行设置，如图 12-79 所示；单击"描边"选项，切换到相应的对话框，将描边颜色设为白色，其他选项的设置如图12-80所示，单击"确定"按钮，效果如图12-81所示。

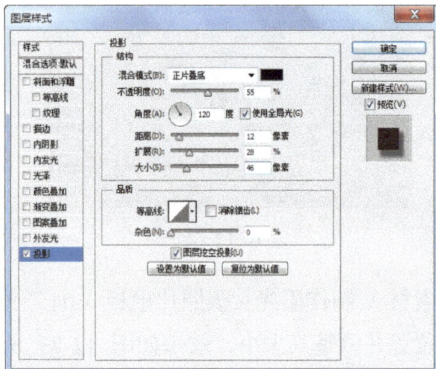
图 12-79

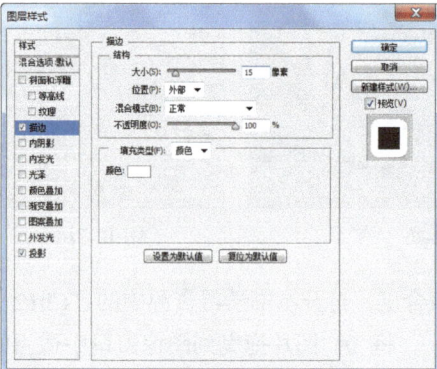
图 12-80

图 12-81

（7）按 Ctrl+O 组合键，打开本书学习资源中的"Ch12 \ 素材 \ 制作阳光女孩照片模板 \ 06、07"文件。选择移动工具 ，分别将 06、07 图片拖曳到图像窗口中适当的位置并调整其大小，效果如图 12-82 所示。"图层"控制面板中会生成新的图层，将其分别命名为"花纹 2"和"花纹 3"，如图 12-83 所示。

图 12-82　　　　　　　图 12-83

（8）新建图层并将其命名为"星星"。将前景色设为白色。选择画笔工具 ，单击属性栏中的"切换画笔面板"按钮 ，弹出"画笔"控制面板，选择"画笔笔尖形状"选项，在弹出的画笔面板中选择需要的画笔形状，其他选项的设置如图 12-84 所示；选择"形状动态"选项，切换到相应的面板，设置如图 12-85 所示；选择"散布"选项，切换到相应的面板，设置如图 12-86 所示。在图像窗口中拖曳鼠标绘制图形，效果如图 12-87 所示。

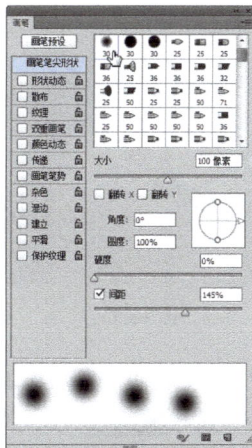 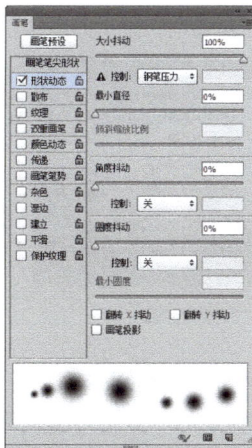 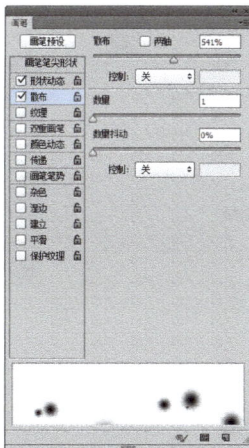 

图 12-84　　　　　　图 12-85　　　　　　图 12-86　　　　　　图 12-87

（9）选择画笔工具 ，在属性栏中单击"画笔"选项右侧的 按钮，弹出画笔选择面板，单击面板右上方的 按钮，在弹出的菜单中选择"混合画笔"命令，弹出提示对话框，单击"追加"按钮。在画笔选择面板中选择需要的画笔形状，如图 12-88 所示。按 [键和] 键，调整画笔的大小，在图像窗口中多次单击，绘制出的效果如图 12-89 所示。

（10）按 Ctrl+O 组合键，打开本书学习资源中的"Ch12 \ 素材 \ 制作阳光女孩照片模板 \ 08"文件。选择移动工具 ，将 08 图片拖曳到图像窗口中适当的位置并调整其大小，效果如图 12-90 所示。"图层"控制面板中会生成新的图层，将其命名为"人物 3"。

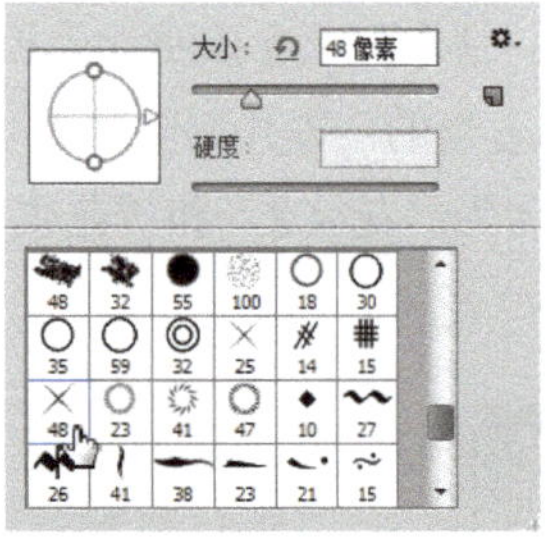

图 12-88

图 12-89

图 12-90

（11）单击"图层"控制面板下方的"添加图层样式"按钮 fx，在弹出的菜单中选择"斜面和浮雕"命令，在弹出的对话框中进行设置，如图 12-91 所示，单击"确定"按钮，效果如图 12-92 所示。将"人物 3"图层拖曳到"图层"控制面板下方的"创建新图层"按钮 上进行复制，生成新的"人物 3 拷贝" 图层。

（12）按 Ctrl+T 组合键，图像周围出现变换框，选取中心点并将其向下拖曳到下方中间的控制手柄上，再在变换框中单击鼠标右键，在弹出的菜单中选择"垂直翻转"命令，垂直翻转图像，按 Enter 键确认操作，效果如图 12-93 所示。

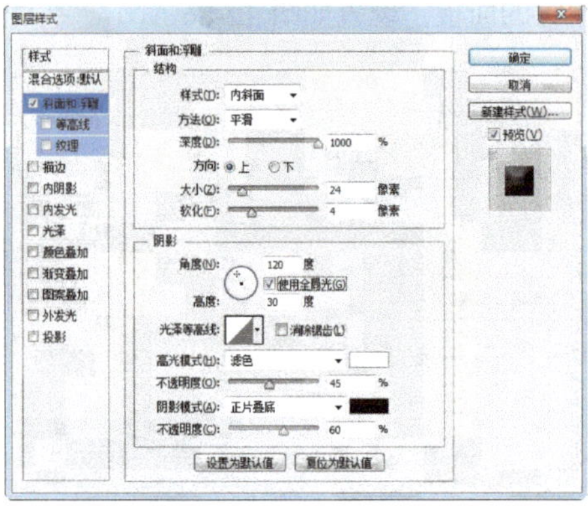

图 12-91

图 12-92

图 12-93

（13）单击"图层"控制面板下方的"添加图层蒙版"按钮 ，为"人物 3 拷贝"图层添加蒙版，如图 12-94 所示。选择渐变工具 ，单击属性栏中的"点按可编辑渐变"按钮 ，弹出"渐变编辑器"对话框，将渐变色设为从白色到黑色，单击"确定"按钮。按住 Shift 键的同时，在图像窗口中从上向下拖曳鼠标填充渐变色，效果如图 12-95 所示。

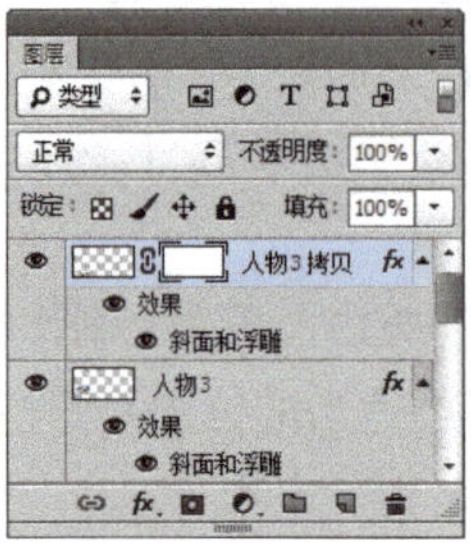

图 12-94

图 12-95

（14）按 Ctrl+O 组合键，打开本书学习资源中的"Ch12 \ 素材 \ 制作阳光女孩照片模板 \ 09、10"文件。选择移动工具 ，将 09、10 图片拖曳到图像窗口中适当的位置并调整其大小，效果如图12-96 所示。"图层"控制面板中会生成新的图层，将其分别命名为"人物 4"和"人物 5"。使用相同的方法制作图像效果，如图 12-97 所示。

图 12-96　　　　　　　　　　　　　　　　　　图 12-97

3．添加装饰图形和文字

（1）将前景色设置为白色。选择横排文字工具 ，分别在适当的位置输入需要的文字，选取文字，在属性栏中选择合适的字体和文字大小，效果如图 12-98 所示。"图层"控制面板中会生成新的文字图层，如图 12-99 所示。

图 12-98　　　　　　　　　　　　　　　　　图 12-99

（2）按 Ctrl+O 组合键，打开本书学习资源中的"Ch12 \ 素材 \ 制作阳光女孩照片模板 \ 11"文件。选择移动工具 ，将 11 图片拖曳到图像窗口中适当的位置并调整其大小，效果如图 12-100 所示。"图层"控制面板中会生成新的图层，将其命名为"蝴蝶"。

图 12-100

（3）新建图层并将其命名为"白色边缘"。将前景色设为白色。按 Alt+Delete 组合键，将图层填充为白色。选择椭圆选框工具 ，在图像窗口中绘制椭圆选区，如图 12-101 所示。

（4）按 Shift+F6 组合键，在弹出的"羽化选区"对话框中进行设置，如图 12-102 所示，单击"确定"按钮，将选区羽化。按 Delete 键，删除选区中的内容。按 Ctrl+D 组合键，取消选区，图像效果如图 12-103 所示。阳光女孩照片模板制作完成。

图 12-101

图 12-102

图 12-103

课堂练习 1——制作个人写真照片模板

练习 1.1　项目背景及要求

1．客户名称

玖七视觉摄影工作室。

2．客户需求

玖七视觉摄影工作室是一家专门从事人物摄像的工作室。工作室目前需要制作一个个人写真照片模板，要求模板自然唯美，给人轻快自由的感觉。

3．设计要求

（1）背景要清爽自然，能够烘托主题。

（2）画面以人物照片为主，主次明确，设计独特。

（3）画面使用柔和舒适的色彩，使整体画面充满浪漫气息。

（4）设计规格为 350 毫米（宽）×330 毫米（高），分辨率为 72 像素/英寸。

练习 1.2　项目素材及要点

1．设计素材

图片素材所在位置：本书学习资源中的"Ch12\素材\制作个人写真照片模板\01"。

文字素材所在位置：本书学习资源中的"Ch12\素材\制作个人写真照片模板\文字文档"。

2．设计作品

设计作品效果所在位置：本书学习资源中的"Ch12\效果\制作个人写真照片模板.psd"，如图 12-104 所示。

图 12-104

3．制作要点

使用特殊模糊滤镜命令为人物添加模糊效果，使用去色命令去除图像颜色，使用矩形工具、图层样式和剪贴蒙版添加照片边框。

课堂练习2——制作多彩生活照片模板

练习 2.1　　项目背景及要求

1．客户名称

卡嘻摄影工作室。

2．客户需求

卡嘻摄影工作室是摄影行业比较有实力的一家摄影工作室。工作室目前需要制作一个多彩生活照片模板，要求突出表现人物个性，表现出多彩的风格魅力。

3．设计要求

（1）照片模板要求具有神秘斑斓的氛围。

（2）通过使用多彩的颜色烘托出人物的个性。

（3）要将文字进行具有特色的设计，图文搭配合理。

（4）设计规格为 200 毫米（宽）×134 毫米（高），分辨率为 300 像素/英寸。

练习 2.2　项目素材及要点

1．设计素材

图片素材所在位置：本书学习资源中的"Ch12\素材\制作多彩生活照片模板\01"。

2．设计作品

设计作品效果所在位置：本书学习资源中的"Ch12\效果\制作多彩生活照片模板.psd"，如图 12-105 所示。

图 12-105

3．制作要点

使用滤镜命令、图层蒙版命令和画笔工具制作照片的合成效果，使用色彩平衡命令调整照片颜色，使用渐变工具和图层混合模式制作照片效果，使用横排文字工具、栅格化命令和渐变工具制作个性文字。

课后习题 1——制作综合个人秀模板

习题 1.1　项目背景及要求

1．客户名称

框架时尚摄影工作室。

2．客户需求

框架时尚摄影工作室的经营范围广泛，服务优质。工作室目前需要制作一个综合个人秀模板，要求以轻松活泼为主，能够展现主人公的舞蹈天赋，并且具有时尚品位。

3．设计要求

（1）模板设计要体现少女的舞蹈者身份。

（2）图像与文字的合理搭配能够营造一种充满阳光和活力的氛围。

（3）在模板中多添加一些装饰图案，迎合女生的喜好。

（4）整体风格新潮时尚，展现出年轻人的个性。

（5）设计规格为 200 毫米（宽）×150 毫米（高），分辨率为 300 像素/英寸。

习题 1.2　项目素材及要点

1．设计素材

图片素材所在位置：本书学习资源中的"Ch12\素材\制作综合个人秀模板\01～05"。

文字素材所在位置：本书学习资源中的"Ch12\素材\制作综合个人秀模板\文字文档"。

2．设计作品

设计作品效果所在位置：本书学习资源中的"Ch12\效果\制作综合个人秀模板.psd"，如图 12-106 所示。

图 12-106

3．制作要点

使用去色命令、图层混合模式和不透明度制作背景剪影，使用矩形工具和图层样式制作喷溅外框，使用圆角矩形工具和剪贴蒙版制作照片效果，使用替换颜色命令和图层蒙版制作人物效果。

课后习题 2——制作儿童成长照片模板

习题 2.1　项目背景及要求

1．客户名称
时光摄像摄影。

2．客户需求
时光摄像摄影是一家经营婚纱摄影、个性写真、儿童写真等项目的专业摄影工作室。工作室目前需要制作一个儿童成长照片模板，要求模板设计具有童真乐趣，使人感受到儿童的天真与快乐。

3．设计要求
（1）模板背景要具有质感，能够烘托主题。

（2）画面中添加可爱的儿童照片，突出模板的主题。

（3）画面色彩要符合童真，使用柔和舒适的色彩。

（4）文字设计要符合儿童的风格特色。

（5）设计规格为 508 毫米（宽）×254 毫米（高），分辨率为 300 像素/英寸。

习题 2.2　项目素材及要点

1．设计素材
图片素材所在位置：本书学习资源中的"Ch12\素材\制作儿童成长照片模板\01～05"。

文字素材所在位置：本书学习资源中的"Ch12\素材\制作儿童成长照片模板\文字文档"。

2．设计作品
设计作品效果所在位置：本书学习资源中的"Ch12\效果\制作儿童成长照片模板.psd"，如图 12-107 所示。

图 12-107

3．制作要点
使用图层蒙版和画笔工具制作图片的融合效果，使用亮度/对比度命令调整图片的亮度，使用色相/饱和度命令调整图片颜色，使用矩形工具、图层样式和剪贴蒙版制作照片，使用变形文字命令制作宣传语。

12.3 制作化妆品网店店招和导航条

12.3.1 项目背景及要求

1. 客户名称

思美化妆品有限公司。

2. 客户需求

思美是一家经营各种护肤产品的化妆品有限公司。公司中的每一款产品都会有专门的人员负责。公司近期要更新网店，需要制作一个全新的化妆品网店店招和导航条，要求不仅要宣传公司文化，提高公司知名度，还要体现出公司的文化特色。

3. 设计要求

（1）设计采用大量留白的手法，给人耳目一新的感觉。

（2）导航条的分类要明确清晰。

（3）画面颜色以红色为主色。

（4）设计风格简洁大方，给人舒适亲切的感觉。

（5）设计规格为 677 毫米（宽）×51 毫米（高），分辨率为 72 像素/英寸。

12.3.2 项目素材及要点

1. 设计素材

图片素材所在位置：本书学习资源中的"Ch12\素材\制作化妆品网店店招和导航条\01、02"。

文字素材所在位置：本书学习资源中的"Ch12\素材\制作化妆品网店店招和导航条\文字文档"。

2. 设计作品

设计作品效果所在位置：本书学习资源中的"Ch12\效果\制作化妆品网店店招和导航条.psd"，如图 12-108 所示。

图 12-108

3. 制作要点

使用移动工具添加店标和产品图片，使用圆角矩形工具、自定义形状工具和横排文字工具制作收藏按钮，使用矩形工具和横排文字工具制作导航条。

12.3.3　案例制作步骤

（1）按 Ctrl + N 组合键，新建一个文件，宽度为 677 毫米，高度为 51 毫米，分辨率为 72 像素/英寸，颜色模式为 RGB，背景内容为白色。

（2）按 Ctrl+O 组合键，打开本书学习资源中的"Ch12 \ 素材 \ 制作化妆品网店店招和导航条 \ 01"文件，选择移动工具，将其拖曳到图像窗口中适当的位置，效果如图 12-109 所示。"图层"控制面板中会生成新的图层，将其命名为"标志"。

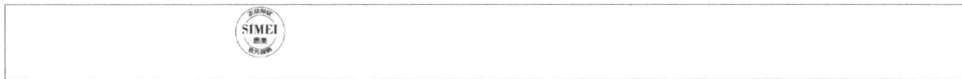

图 12-109

（3）选择横排文字工具，在属性栏中选择合适的字体并设置文字大小，在适当的位置输入需要的文字，效果如图 12-110 所示。用相同的方法输入其他文字，效果如图 12-111 所示。

图 12-110 　　　　　　　　　图 12-111

（4）选择直线工具，在属性栏的"选择工具模式"选项中选择"形状"，按住 Shift 键的同时，在图像窗口中拖曳鼠标绘制一条直线，效果如图 12-112 所示。

（5）选择圆角矩形工具，在属性栏的"选择工具模式"选项中选择"形状"，将"填充"选项设为红色（其 R、G、B 的值分别为 206、0、23），"半径"选项设为 10 像素，在图像窗口中拖曳鼠标绘制一个圆角矩形，效果如图 12-113 所示。

图 12-112 　　　　　　　　　图 12-113

（6）将前景色设为白色。选择自定形状工具，单击属性栏中"形状"选项右侧的按钮，在弹出的形状面板中选中"红心形卡"图形，如图 12-114 所示。在属性栏的"选择工具模式"选项中选择"形状"，在图像窗口中的适当位置拖曳鼠标绘制图形，效果如图 12-115 所示。

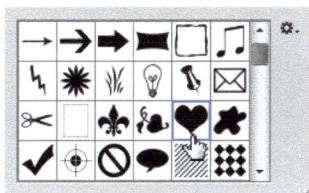

图 12-114 　　　　　　　　　图 12-115

（7）选择横排文字工具 $\boxed{T}$ ，在属性栏中选择合适的字体并设置文字大小，在适当的位置输入需要的文字，效果如图 12-116 所示。

（8）按 **Ctrl+O** 组合键，打开本书学习资源中的 "Ch12 \ 素材 \ 制作化妆品网店店招和导航条 \ 02" 文件，选择移动工具 $\boxed{\blacktriangleright_+}$ ，将其拖曳到图像窗口中适当的位置，效果如图 12-117 所示。"图层"控制面板中会生成新的图层，将其命名为 "化妆品"，如图 12-118 所示。

图 12-116   图 12-117   图 12-118

（9）将前景色设为黑色。选择横排文字工具 $\boxed{T}$ ，在属性栏中选择合适的字体并设置文字大小，在适当的位置输入需要的文字，效果如图 12-119 所示。用相同的方法输入其他文字，效果如图 12-120 所示。

（10）选择矩形工具 $\boxed{\blacksquare}$ ，在属性栏的 "选择工具模式" 选项中选择 "形状"，将 "填充" 选项设为红色（其 R、G、B 的值分别为 206、0、23），在图像窗口中拖曳鼠标绘制一个矩形，效果如图 12-121 所示。

（11）将前景色设为白色。选择横排文字工具 $\boxed{T}$ ，在属性栏中选择合适的字体并设置文字大小，在适当的位置输入需要的文字，效果如图 12-122 所示。

图 12-119   图 12-120   图 12-121   图 12-122

（12）选择矩形工具 $\boxed{\blacksquare}$ ，在属性栏的 "选择工具模式" 选项中选择 "形状"，将 "填充" 选项设为红色（其 R、G、B 的值分别为 206、0、23），在图像窗口中拖曳鼠标绘制一个矩形，效果如图 12-123 所示。

图 12-123

（13）将前景色设为黑色。选择横排文字工具 $\boxed{T}$ ，在属性栏中选择合适的字体并设置文字大小，在适当的位置输入需要的文字，效果如图 12-124 所示。化妆品网店店招和导航条制作完成。

图 12-124

课堂练习 1——制作化妆品网店首页海报

练习 1.1　项目背景及要求

1. 客户名称
思美化妆品有限公司。

2. 客户需求
思美是一家经营各种护肤产品的化妆品有限公司。公司中的每一款产品都会有专门的人员负责。公司近期要更新网店，需要制作一个全新的化妆品网店首页海报，要求海报能够起到宣传公司新产品的作用。并向客户传递优惠活动信息。

3. 设计要求
（1）海报元素包含新产品、产品说明和优惠活动信息。
（2）突出产品的优点和优惠活动信息，但不能喧宾夺主。
（3）画面色彩要简洁明亮。
（4）整体设计应简洁大方。
（5）设计规格为 677 毫米（宽）×160 毫米（高），分辨率为 72 像素/英寸。

练习 1.2　项目素材及要点

1. 设计素材
图片素材所在位置：本书学习资源中的"Ch12\素材\制作化妆品网店首页海报\01～05"。
文字素材所在位置：本书学习资源中的"Ch12\素材\制作化妆品网店首页海报\文字文档"。

2. 设计作品
设计作品效果所在位置：本书学习资源中的"Ch12\效果\制作化妆品网店首页海报.psd"，如图12-125 所示。

图 12-125

3. 制作要点
使用移动工具添加化妆品图片和各种装饰元素，使用图层蒙版制作化妆品倒影，使用横排文字工具、矩形工具和自定义形状工具添加说明文字和优惠活动信息。

课堂练习2——制作化妆品网店陈列区

练习 2.1　　项目背景及要求

1．客户名称
思美化妆品有限公司。

2．客户需求
思美是一家经营各种护肤产品的化妆品有限公司。公司中的每一款产品都会有专门的人员负责。公司近期要更新网店，需要制作一个全新的化妆品网店陈列区，要求分类明确，排列整齐有序，能够让顾客挑选时简单又舒适。

3．设计要求
（1）设计要以化妆品元素为主导。
（2）画面采用大量留白，起到凸显产品的作用。
（3）整体画面图文结合，合理搭配。
（4）设计风格简洁大气，体现出化妆品的魅力。
（5）设计规格为 677 毫米（宽）×680 毫米（高），分辨率为 72 像素/英寸。

练习 2.2　　项目素材及要点

1．设计素材
图片素材所在位置：本书学习资源中的"Ch12\素材\制作化妆品网店陈列区\01～03"。
文字素材所在位置：本书学习资源中的"Ch12\素材\制作化妆品网店陈列区\文字文档"。

2．设计作品
设计作品效果所在位置：本书学习资源中的"Ch12\效果\制作化妆品网店陈列区.psd"，如图12-126 所示。

图 12-126

3．制作要点

使用矩形工具和横排文字工具制作分类栏目，使用移动工具、矩形工具、图层蒙版和横排文字工具制作样品展示图和信息说明文字。

课后习题 1——制作化妆品网店收藏区

习题 1.1 项目背景及要求

1．客户名称

思美化妆品有限公司。

2．客户需求

思美是一家经营各种护肤产品的化妆品有限公司。公司中的每一款产品都会有专门的人员负责。公司近期要更新网店，需要制作一个全新的化妆品网店收藏区，要求画面美观，内容丰富，能够吸引顾客。

3．设计要求

（1）使用海报的形式制作店招，给人"高大上"的感觉。

（2）收藏区域突出显眼，要有艺术化处理。

（3）添加返回按钮，增强用户体验。

（4）设计风格符合公司品牌特色，能够凸显化妆品的品质。

（5）设计规格为 677 毫米（宽）×126 毫米（高），分辨率为 72 像素/英寸。

习题 1.2 项目素材及要点

1．设计素材

图片素材所在位置：本书学习资源中的"Ch12\素材\制作化妆品网店收藏区\01 ~ 03"。

文字素材所在位置：本书学习资源中的"Ch12\素材\制作化妆品网店收藏区\文字文档"。

2．设计作品

设计作品效果所在位置：本书学习资源中的"Ch12\效果\制作化妆品网店收藏区.psd"，如图 12-127 所示。

图 12-127

3．制作要点

使用移动工具、图层蒙版和剪贴蒙版制作背景图片，使用横排文字工具、矩形工具和自定义形状工具制作链接按钮和收藏方式。

课后习题 2——制作化妆品网店页尾

习题 2.1　项目背景及要求

1．客户名称

思美化妆品有限公司。

2．客户需求

思美是一家经营各种护肤产品的化妆品有限公司。公司中的每一款产品都会有专门的人员负责。公司近期要更新网店，需要制作一个全新的化妆品网店页尾，要求全面展现公司的优质服务和真诚态度，详细说明公司信息。

3．设计要求

（1）页尾的设计简洁，文字叙述清楚明了。

（2）说明文字排列整齐，给人视觉上的舒适感。

（3）对文字进行特殊的设计，并添加装饰图形，让画面内容丰富多彩。

（4）强调服务理念，用优质的服务打动客户。

（5）设计规格为 677 毫米（宽）×172 毫米（高），分辨率为 72 像素/英寸。

习题 2.2　项目素材及要点

1．设计素材

文字素材所在位置：本书学习资源中的"Ch12\素材\制作化妆品网店页尾\文字文档"。

2．设计作品

设计作品效果所在位置：本书学习资源中的"Ch12\效果\制作化妆品网店页尾.psd"，如图 12-128 所示。

图 12-128

3．制作要点

使用椭圆工具制作圆形装饰图形，使用直线工具制作竖直分类装饰图形，使用横排文字工具添加服务内容，使用矩形工具、直线工具和横排文字工具制作友情链接、公司正规化经营许可证和资格证书及版权所有信息。

12.4　制作咖啡广告

12.4.1　项目背景及要求

1．客户名称

绿聚岛企业。

2．客户需求

绿聚岛企业是一家专门从事各种饮料制作和销售的企业，咖啡就是企业主营饮料之一。企业现阶段需要设计制作一款咖啡广告，为新品咖啡做宣传，要求广告能体现出企业经营理念。

3．设计要求

（1）使用由浅到深的咖啡色背景营造出宁静、舒适的氛围。

（2）设计内容要涉及经营环境，且要通过经营环境侧面反映出产品低调的品质感。

（3）以新品咖啡为宣传主题，且宣传主题要直观地表达出来。

（4）采用艺术字，让广告信息更加醒目。

（5）设计规格为 450 毫米（宽）×300 毫米（高），分辨率为 72 像素/英寸。

12.4.2　项目素材及要点

1．设计素材

图片素材所在位置：本书学习资源中的"Ch12\素材\制作咖啡广告\01～05"。

文字素材所在位置：本书学习资源中的"Ch12\素材\制作咖啡广告\文字文档"。

2．设计作品

设计作品效果所在位置：本书学习资源中的"Ch12\效果\制作咖啡广告.psd"，如图 12-129 所示。

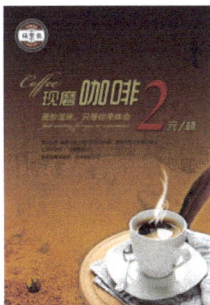

图 12-129

3．制作要点

使用打开命令和移动工具添加背景图像和咖啡产品，使用横排文字工具制作宣传文字，使用移动工具和横排文字工具制作商标。

12.4.3　案例制作步骤

1. 制作广告主体图片

（1）按 Ctrl+O 组合键，打开本书学习资源中的"Ch12 \ 素材 \ 制作咖啡广告 \ 01、02"文件，01文件如图 12-130 所示。选择移动工具 ，将 02 图片拖曳到 01 图像窗口中适当的位置并调整其大小，效果如图 12-131 所示。"图层"控制面板中会生成新的图层，将其命名为"咖啡"。

图 12-130　　　　　　　　图 12-131

（2）单击"图层"控制面板下方的"添加图层样式"按钮 ，在弹出的菜单中选择"投影"命令，在弹出的对话框中进行设置，如图 12-132 所示，单击"确定"按钮，效果如图 12-133 所示。

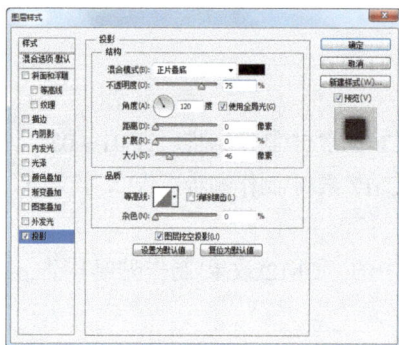 

图 12-132　　　　　　　　图 12-133

（3）按 Ctrl+O 组合键，打开本书学习资源中的"Ch12 \ 素材 \ 制作咖啡广告 \ 03"文件。选择移动工具 ，将 03 图片拖曳到图像窗口中适当的位置并调整其大小，效果如图 12-134 所示。"图层"控制面板中会生成新的图层，将其命名为"羽毛"。将"羽毛"图层拖曳到"咖啡"图层的下方，效果如图 12-135 所示。

图 12-134　　　　　　　　图 12-135

（4）单击"图层"控制面板下方的"添加图层样式"按钮 fx.，在弹出的菜单中选择"外发光"命令，在弹出的对话框中进行设置，如图 12-136 所示，单击"确定"按钮，效果如图 12-137 所示。

（5）选中"咖啡"图层。按 Ctrl+O 组合键，打开本书学习资源中的"Ch12 \ 素材 \ 制作咖啡广告 \ 04"文件。选择移动工具 ▶+，将 04 图片拖曳到图像窗口中适当的位置并调整其大小，效果如图 12-138 所示。"图层"控制面板中会生成新的图层，将其命名为"装饰"。

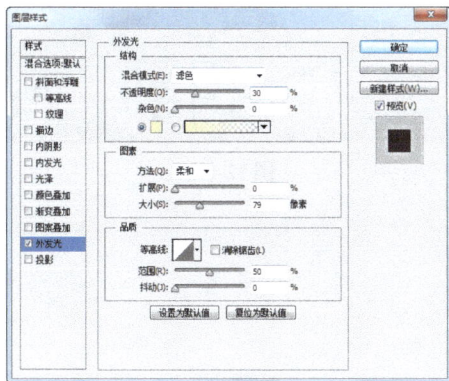  

图 12-136　　　　　　　　　图 12-137　　　　　　　　　图 12-138

2．添加宣传文字和商标

（1）将前景色设为土黄色（其 R、G、B 的值分别为 187、161、99）。选择横排文字工具 T，分别在适当的位置输入需要的文字并选取文字，在属性栏中选择合适的字体并设置文字大小，在"图层"控制面板中生成新的文字图层，如图 12-139 所示。将输入的文字选取，按 Ctrl+T 组合键，弹出"字符"面板，单击"仿斜体"按钮 T，将文字倾斜，效果如图 12-140 所示。

图 12-139　　　　　　　　　图 12-140

（2）选择"现磨"文字图层。单击"图层"控制面板下方的"添加图层样式"按钮 fx.，在弹出的菜单中选择"描边"命令，弹出对话框，将描边颜色设为深棕色（其 R、G、B 的值分别为 67、25、0），其他选项的设置如图 12-141 所示，单击"确定"按钮，效果如图 12-142 所示。

（3）选中"咖啡"文字图层。单击"图层"控制面板下方的"添加图层样式"按钮 fx.，在弹出的菜单中选择"描边"命令，弹出对话框，将描边颜色设为深棕色（其 R、G、B 的值分别为 67、25、0），其他选项的设置如图 12-143 所示，单击"确定"按钮，效果如图 12-144 所示。

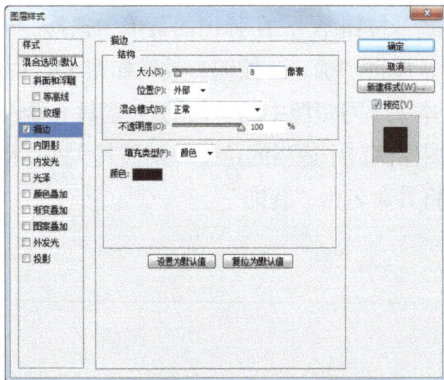

图 12-141

图 12-142

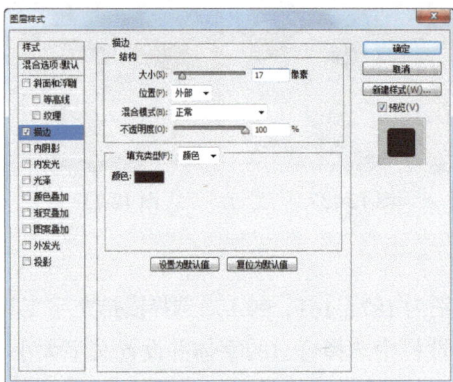

图 12-143

图 12-144

（4）选择横排文字工具 T ，选取文字"2"，填充为红色（其 R、G、B 的值分别为 193、0、44），如图 12-145 所示。单击"图层"控制面板下方的"添加图层样式"按钮 fx ，在弹出的菜单中选择"投影"命令，在弹出的对话框中进行设置，如图 12-146 所示；选择"描边"选项，切换到相应的对话框，将描边颜色设为深棕色（其 R、G、B 的值分别为 67、25、0），其他选项的设置如图 12-147 所示。单击"确定"按钮，效果如图 12-148 所示。

图 12-145

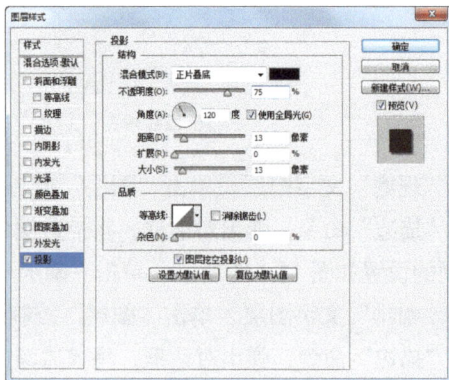

图 12-146

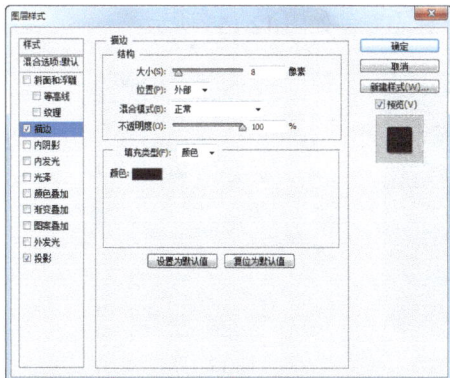

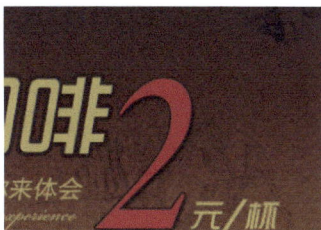

图 12-147　　　　　　　　　　　　　　　　图 12-148

（5）选择"元/杯"图层。单击"图层"控制面板下方的"添加图层样式"按钮 **fx.**，在弹出的菜单中选择"描边"命令，弹出对话框，将描边颜色设为深棕色（其 R、G、B 的值分别为 67、25、0），其他选项的设置如图 12-149 所示，单击"确定"按钮，效果如图 12-150 所示。

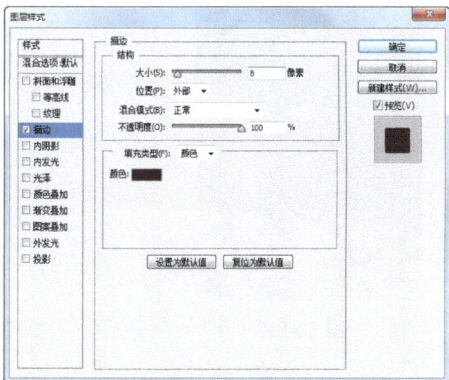

图 12-149　　　　　　　　　　　　　　　　图 12-150

（6）将前景色设为深棕色（其 R、G、B 的值分别为 67、25、0）。选择横排文字工具 **T.**，在适当的位置输入需要的文字并选取文字，在属性栏中选择合适的字体并设置文字大小，效果如图 12-151 所示。按 Ctrl+T 组合键，弹出"字符"面板，选项的设置如图 12-152 所示，效果如图 12-153 所示。

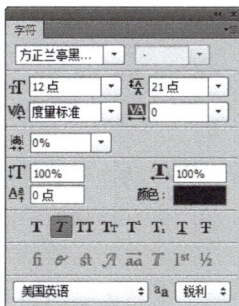

图 12-151　　　　　　　　　　　　图 12-152　　　　　　　　　　　　图 12-153

（7）按 Ctrl+O 组合键，打开本书学习资源中的"Ch12 \ 素材 \ 制作咖啡广告 \ 05"文件。选择移动工具 **▶+.**，将 05 图片拖曳到图像窗口中适当的位置并调整其大小，效果如图 12-154 所示。"图层"控制面板中会生成新的图层，将其命名为"标志"，如图 12-155 所示。

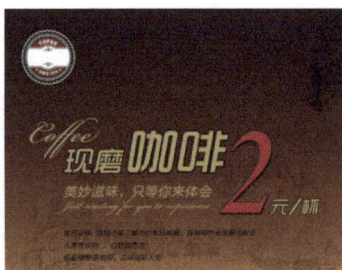

图 12-154

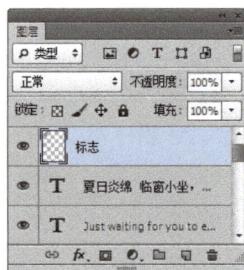

图 12-155

（8）将前景色设为深蓝色（其R、G、B的值分别为54、48、71）。选择横排文字工具 $\boxed{T}$ ，在适当的位置输入需要的文字并选取文字，在属性栏中选择合适的字体并设置文字大小，效果如图 12-156 所示。咖啡广告制作完成，效果如图 12-157 所示。

图 12-156

图 12-157

课堂练习1——制作爱护动物公益广告

练习 1.1 项目背景及要求

1. 客户名称
动物保护公益社。

2. 客户需求
保护野生动物就是保护人类自己，保护野生动物能够维护生态安全，实现人与自然和谐相处。本案例是为动物保护公益社制作爱护动物公益广告，动物保护的核心内容是禁止猎杀和捕食任何动物。

3. 设计要求
（1）使用浅蓝色到深蓝色的渐变为背景，蓝色有希望的含义。

（2）选择一种最具代表性的受保护的动物作为广告主图。

（3）采用图文搭配的方式展现动物保护的核心内容。

（4）整体设计要明亮简洁、整齐有序。

（5）设计规格为 150 毫米（宽）×500 毫米（高），分辨率为 300 像素/英寸。

练习 1.2　项目素材及要点

1．设计素材

图片素材所在位置：本书学习资源中的"Ch12\素材\制作爱护动物公益广告\01"。

文字素材所在位置：本书学习资源中的"Ch12\素材\制作爱护动物公益广告\文字文档"。

2．设计作品

设计作品效果所在位置：本书学习资源中的"Ch12\效果\制作爱护动物公益广告.psd"，如图 12-158 所示。

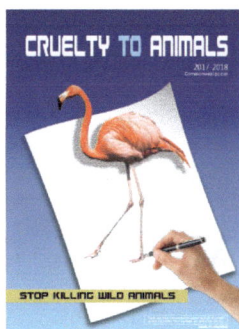

图 12-158

3．制作要点

使用渐变工具制作广告背景，使用矩形工具、自由变换命令和图层样式制作纸张效果，使用创建新的填充或调整图层和创建剪切蒙版命令制作鸟效果。

课堂练习 2——制作美食广告

练习 2.1　项目背景及要求

1．客户名称

玉石龙餐厅。

2．客户需求

玉石龙餐厅是一家规模庞大，菜系众多的餐饮经营公司。餐厅现阶段需设计一个有关酸辣鸡杂饭的美食广告。要求广告不仅能够展现酸辣鸡杂饭的配菜和吃法，还能体现出美食的药用价值。

3．设计要求

（1）整体设计要高端大气。

（2）设计要体现出酸辣鸡杂饭独有的特色。

（3）画面色彩以红色和黄色为主，增强食欲。

（4）以真实、简洁的方式向用户传达信息内容。

（5）设计规格为 495 毫米（宽）× 247 毫米（高），分辨率为 72 像素/英寸。

练习 2.2　项目素材及要点

1．设计素材
图片素材所在位置：本书学习资源中的"Ch12\素材\制作美食广告\01～10"。
文字素材所在位置：本书学习资源中的"Ch12\素材\制作美食广告\文字文档"。
2．设计作品
设计作品效果所在位置：本书学习资源中的"Ch12\效果\制作美食广告.psd"，如图 12-159
所示。

图 12-159

3．制作要点
使用图层混合模式制作背景图片的混合效果，使用图层样式和矢量蒙版制作宣传主体，使用横排
文字工具和钢笔工具添加文字信息。

课后习题 1——制作啤酒节广告

习题 1.1　项目背景及要求

1．客户名称
果冰饮品公司。
2．客户需求
果冰饮品公司是一家规模庞大，饮品种类众多的饮料经营公司。公司现阶段新研发了一款适合在
夏季饮用的新品啤酒，需要设计一个关于啤酒节的广告。广告不仅要起到宣传新品啤酒的作用，还要
能吸引顾客关注啤酒节，同时能直观地表现出这款啤酒很适合在炎热的夏季饮用。
3．设计要求
（1）设计要突出品牌和卖点。
（2）整体色彩要清新明快，能够吸引顾客的注意。
（3）画面简洁大方，以冰块为设计元素，文字效果突出显示。
（4）整体效果要具有动感和活力。

（5）设计规格为297毫米（宽）×210毫米（高），分辨率为300像素/英寸。

习题 1.2　项目素材及要点

1. 设计素材

图片素材所在位置：本书学习资源中的"Ch12\素材\制作啤酒节广告\01～06"。

2. 设计作品

设计作品效果所在位置：本书学习资源中的"Ch12\效果\制作啤酒节广告.psd"，如图 12-160 所示。

图 12-160

3. 制作要点

使用渐变工具、图层蒙版和移动工具制作背景效果，使用移动工具、图层蒙版添加商品主体和标题文字。

课后习题 2——制作购物广告

习题 2.1　项目背景及要求

1. 客户名称

悦优乐商场。

2. 客户需求

悦优乐是一家销售食品、家电和服装等商品的大型商场。在夏季来临之际，商场服装部想要针对最新款服装制作购物广告进行宣传，以促销的手段吸引顾客的光临。

3. 设计要求

（1）广告产品以服装为主要元素，凸显季节变化。

（2）设计要简洁大方，添加一些优惠礼品图片。

（3）图文合理搭配，能够清晰地表明广告信息。

（4）设计风格符合公司品牌特色，能够凸显服装品质。

（5）设计规格为297毫米（宽）×210毫米（高），分辨率为300像素/英寸。

习题 2.2　项目素材及要点

1．设计素材

图片素材所在位置：本书学习资源中的"Ch12\素材\制作购物广告\01~08"。

2．设计作品

设计作品效果所在位置：本书学习资源中的"Ch12\效果\制作购物广告.psd"，如图 12-161
所示。

图 12-161

3．制作要点

使用移动工具添加主体图片，使用色相/饱和度调整图层调整字母和礼物的颜色，使用图层混合
模式调整高光。

12.5　制作曲奇包装

12.5.1　项目背景及要求

1．客户名称

达玛哈食品有限公司。

2．客户需求

达玛哈食品有限公司是一家经营各种饼干和蛋糕的食品公司。目前该公司的经典畅销品牌
TAMAHA 黄油曲奇要更换新包装全新上市。现需要设计一款曲奇外包装，要求能抓住产品特点，达
到宣传的效果。

3．设计要求

（1）整体色彩使用棕色和红色，体现出曲奇的可口质感。

（2）设计要简洁，表明生产信息和原料，给用户可靠的感觉。

（3）以真实的产品图片展示，向观众传达真实的信息内容。

（4）设计规格为 210 毫米（宽）×297 毫米（高），分辨率为 300 像素/英寸。

12.5.2　项目素材及要点

1．设计素材

图片素材所在位置：本书学习资源中的"Ch12\素材\制作曲奇包装\01～05"。

文字素材所在位置：本书学习资源中的"Ch12\素材\制作曲奇包装\文字文档"。

2．设计作品

设计作品效果所在位置：本书学习资源中的"Ch12\效果\制作曲奇包装.psd"，如图 12-162 所示。

图 12-162

3．制作要点

使用矩形工具和图层样式制作封面底图，使用色相/饱和度命令、曲线命令和图层混合模式制作封面图片，使用矩形工具、横排文字工具和直排文字工具制作包装文字，使用渐变工具和亮度/对比度命令制作底色效果，使用阈值命令和渐变映射命令制作装饰图片，使用扭曲命令调整包装效果，使用扭曲命令、图层蒙版和渐变工具制作包装倒影效果。

12.5.3　案例制作步骤

1．制作正面

（1）按 Ctrl + N 组合键，新建一个文件，宽度为 20.5 厘米，高度为 21.1 厘米，分辨率为 300 像素/英寸，颜色模式为 RGB，背景内容为白色。选择"视图 > 新建参考线"命令，弹出"新建参考线"对话框，设置如图 12-163 所示，单击"确定"按钮，效果如图 12-164 所示。

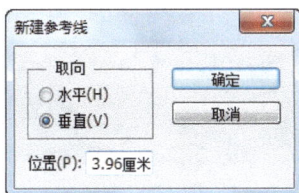

图 12-163

图 12-164

（2）新建图层并将其命名为"色块 1"，如图 12-165 所示。将前景色设为褐色（其 R、G、B 的值分别为 153、63、25）。选择矩形工具 ▣，在属性栏的"选择工具模式"选项中选择"像素"，在图像窗口中适当的位置拖曳鼠标绘制图形，效果如图 12-166 所示。

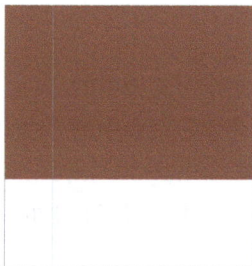

图 12-165　　　　　　　　　图 12-166

（3）新建图层并将其命名为"色块 2"，如图 12-167 所示。将前景色设为黑色。选择矩形工具 ▣，在图像窗口中适当的位置拖曳鼠标绘制图形，效果如图 12-168 所示。

（4）按 Ctrl + O 组合键，打开本书学习资源中的"Ch12\ 素材 \ 制作曲奇包装 \ 01"文件，选择移动工具 ▸⊕，将图片拖曳到图像窗口中适当的位置并调整大小，效果如图 12-169 所示。"图层"控制面板中会生成新的图层，将其命名为"饼干"，如图 12-170 所示。

图 12-167　　　　　图 12-168　　　　　图 12-169　　　　　图 12-170

（5）单击"图层"控制面板下方的"创建新的填充或调整图层"按钮 ◑，在弹出的菜单中选择"曲线"命令，生成"曲线 1"图层。同时在弹出的"属性"面板中进行设置，如图 12-171 所示，效果如图 12-172 所示。

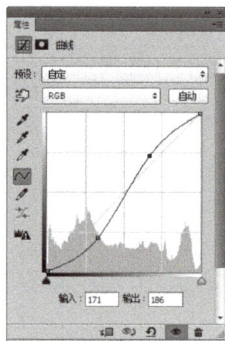

图 12-171　　　　　　　　　图 12-172

（6）单击"图层"控制面板下方的"创建新的填充或调整图层"按钮 ◑，在弹出的菜单中选择"色相/饱和度"命令，生成"色相/饱和度 1"图层。同时在弹出的"属性"面板中进行设置，如图

12-173 所示，效果如图 12-174 所示。

图 12-173　　　　　　　　　　　图 12-174

（7）在"图层"控制面板中，按住 Shift 键的同时，将"色相/饱和度 1"图层到"饼干"图层的所有图层同时选取，如图 12-175 所示。按 Ctrl+Alt+G 组合键，为选中的图层创建剪贴蒙版，"图层"控制面板如图 12-176 所示，图像效果如图 12-177 所示。

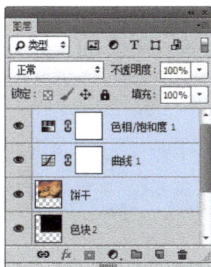  

图 12-175　　　　　　图 12-176　　　　　　　　图 12-177

（8）选择横排文字工具 $\boxed{T}$，选择"窗口 > 字符"命令，弹出"字符"面板，将"颜色"选项设为白色，其他选项的设置如图 12-178 所示。在图像窗口中适当的位置输入需要的文字，效果如图 12-179 所示。

（9）选择横排文字工具 $\boxed{T}$，在"字符"面板中进行设置，如图 12-180 所示。在图像窗口中适当的位置输入需要的文字，效果如图 12-181 所示。

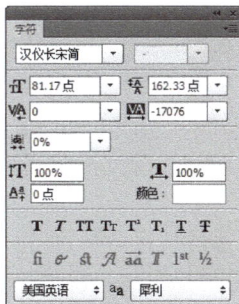  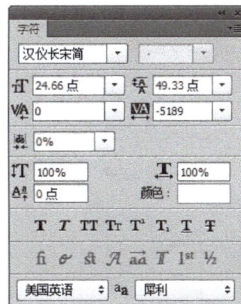 

图 12-178　　　　　　图 12-179　　　　　　图 12-180　　　　　　图 12-181

（10）新建图层并将其命名为"丝带"。将前景色设为红色（其 R、G、B 的值分别为 229、30、22）。选择钢笔工具 $\boxed{\varnothing}$，在属性栏的"选择工具模式"选项中选择"路径"，在图像窗口中绘制路径，效果如图 12-182 所示。按 Ctrl+Enter 组合键，将路径转换为选区。按 Alt+Delete 组合键，用前景色填充选区。按 Ctrl+D 组合键，取消选区，效果如图 12-183 所示。

图 12-182 图 12-183

（11）单击"图层"控制面板下方的"添加图层样式"按钮 **fx.**，在弹出的菜单中选择"描边"命令，弹出对话框，将描边颜色设置为黄色（其 R、G、B 的值分别为 255、212、114），其他选项的设置如图 12-184 所示；选择"投影"选项，将阴影颜色设置为黑色，其他选项的设置如图 12-185 所示，单击"确定"按钮，效果如图 12-186 所示。

（12）将前景色设为白色。选择横排文字工具 **T.**，在适当的位置输入需要的文字并选取文字，在属性栏中选择合适的字体并设置文字大小，效果如图 12-187 所示。

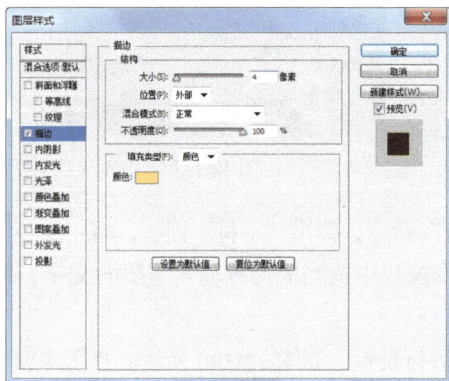
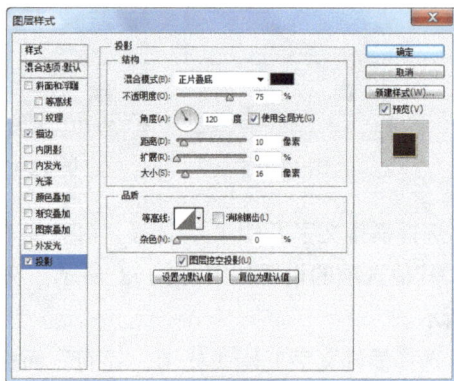

图 12-184 图 12-185

图 12-186 图 12-187

（13）新建图层并将其命名为"椭圆"，如图 12-188 所示。将前景色设为褐色（其 R、G、B 的值分别为 153、63、25）。选择椭圆工具 **○.**，在属性栏的"选择工具模式"选项中选择"像素"，在图像窗口中适当的位置拖曳鼠标绘制图形，效果如图 12-189 所示。

图 12-188

图 12-189

（14）将前景色设为白色。选择横排文字工具 T ，在适当的位置输入需要的文字并选取文字，在属性栏中选择合适的字体并设置文字大小，效果如图 12-190 所示。

（15）在"图层"控制面板中，按住 Ctrl 键的同时，选择"椭圆"图层和"黄油"图层。按 Ctrl+T 组合键，图像周围出现变换框，拖曳鼠标将其旋转到适当的角度，按 Enter 键确认操作，效果如图 12-191 所示。

图 12-190

图 12-191

（16）按 Ctrl + O 组合键，打开本书学习资源中的"Ch12 \ 素材 \ 制作曲奇包装 \ 03"文件，选择移动工具 ，将 03 图片拖曳到图像窗口中适当的位置，效果如图 12-192 所示。"图层"控制面板中会生成新的图层，将其命名为"logo"，如图 12-193 所示。

图 12-192

图 12-193

（17）将前景色设为白色。选择横排文字工具 T ，在适当的位置输入需要的文字并选取文字，在属性栏中选择合适的字体并设置文字大小，效果如图 12-194 所示。用相同的方法输入其他文字，制作出如图 12-195 所示的效果。

（18）新建图层并将其命名为"色块 3"，如图 12-196 所示。将前景色设为土黄色（其 R、G、B 的值分别为 195、167、120）。选择矩形工具 ，在图像窗口中适当的位置拖曳鼠标绘制图形，效果如图 12-197 所示。

| 图 12-194 | 图 12-195 | 图 12-196 | 图 12-197 |

（19）按 Ctrl + O 组合键，打开本书学习资源中的"Ch12 \ 素材 \ 制作曲奇包装 \ 02"文件，选择移动工具 ，将 02 图片拖曳到图像窗口中适当的位置并调整其大小，效果如图 12-198 所示。"图层"控制面板中会生成新的图层，将其命名为"风景"，如图 12-199 所示。

| 图 12-198 | 图 12-199 |

（20）单击"图层"控制面板下方的"创建新的填充或调整图层"按钮 ，在弹出的菜单中选择"阈值"命令，生成"阈值 1"图层。同时在弹出的"属性"面板中进行设置，如图 12-200 所示，效果如图 12-201 所示。

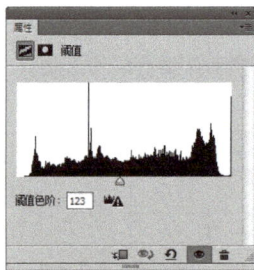

| 图 12-200 | 图 12-201 |

（21）单击"图层"控制面板下方的"创建新的填充或调整图层"按钮 ，在弹出的菜单中选择"渐变映射"命令，生成"渐变映射 1"图层。同时在弹出的"属性"面板中单击"点按可编辑渐变"按钮 ，弹出"渐变编辑器"对话框，将渐变颜色设为从褐色（其 R、G、B 的值分别为 179、124、64）到土黄色（其 R、G、B 的值分别为 198、170、123），如图 12-202 所示，单击"确定"按钮。返回"属性"面板，如图 12-203 所示，图像效果如图 12-204 所示。

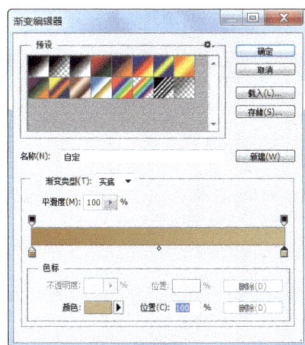

图 12-202　　　　　　　　　图 12-203　　　　　　　　　图 12-204

（22）在"图层"控制面板中，按住 Shift 键的同时，将"渐变映射 1"图层到"风景"图层的所有图层同时选取，如图 12-205 所示。按 Alt+Ctrl+G 组合键，创建剪贴蒙版，"图层"控制面板如图 12-206 所示，图像效果如图 12-207 所示。

图 12-205　　　　　　　　　图 12-206　　　　　　　　　图 12-207

（23）将前景色设为咖啡色（其 R、G、B 的值分别为 153、63、25）。选择横排文字工具 T，在适当的位置输入需要的文字并选取文字，在属性栏中选择合适的字体并设置文字大小，效果如图 12-208 所示。用相同的方法输入其他文字，效果如图 12-209 所示。

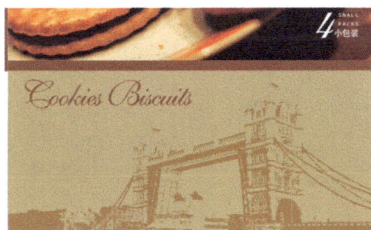
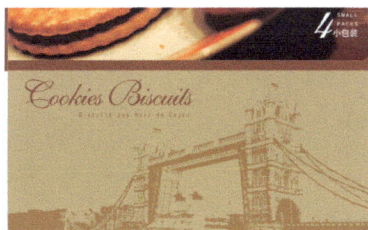

图 12-208　　　　　　　　　　　　图 12-209

（24）将前景色设为土黄色（其 R、G、B 的值分别为 179、124、64）。选择矩形工具 ，在图像窗口中适当的位置拖曳鼠标绘制图形，效果如图 12-210 所示。将前景色设为白色。选择横排文字工具 T，在适当的位置输入需要的文字并选取文字，在属性栏中选择合适的字体并设置文字大小，效果如图 12-211 所示。

图 12-210　　　　　　　　　　　　图 12-211

2．制作侧面

（1）在"图层"控制面板中，按住 Ctrl 键的同时，选择"曲奇饼"图层和"Butter Cookies Biscuits"图层。按 Ctrl+J 组合键，复制选中的图层，生成新的副本图层，如图 12-212 所示。按 Shift+Ctrl+] 组合键，将选中的图层调整至顶层，"图层"控制面板如图 12-213 所示。

图 12-212　　　　　　　　　　　图 12-213

（2）在"图层"控制面板中选中"曲奇饼 副本"图层。按 Ctrl+T 组合键，图像周围出现变换框，按住 Alt+Shift 组合键的同时，拖曳右上角的控制手柄等比例缩小文字，如图 12-214 所示。将鼠标指针放置在变换框中，当鼠标指针变为▶ 形状时，拖曳鼠标调整文字的位置，按 Enter 键确认操作，效果如图 12-215 所示。用相同的方法对"Butter Cookies Biscuits 副本"图层进行操作，效果如图 12-216 所示。

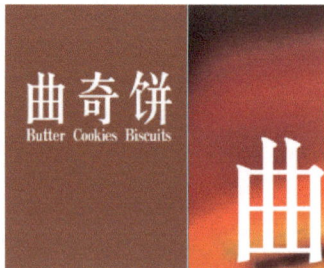

图 12-214　　　　　　　　图 12-215　　　　　　　　图 12-216

（3）在"图层"控制面板中，按住 Ctrl 键的同时，选择"椭圆"图层和"黄油"图层。按 Ctrl+J 组合键，复制选中的图层，生成新的副本图层，如图 12-217 所示。按 Shift+Ctrl+] 组合键，将选中的图层调整至顶层，"图层"控制面板如图 12-218 所示。

（4）按 Ctrl+T 组合键，图像周围出现变换框，按住 Alt+Shift 组合键的同时，拖曳右上角的控制手柄等比例缩小文字和椭圆形，如图 12-219 所示。将鼠标指针放置到变换框中，当鼠标指针变为▶ 形状时，拖曳鼠标调整文字的位置，按 Enter 键确认操作，效果如图 12-220 所示。

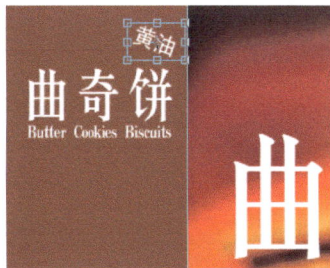

图 12-217　　　　　　　图 12-218　　　　　　　图 12-219　　　　　　　图 12-220

（5）将前景色设为黄色（其 R、G、B 的值分别为 252、187、80）。在"图层"控制面板中选中"椭圆 副本"图层，如图 12-221 所示。按 Alt+Shift+Delete 组合键，填充该层中有像素的区域，效果如图 12-222 所示。

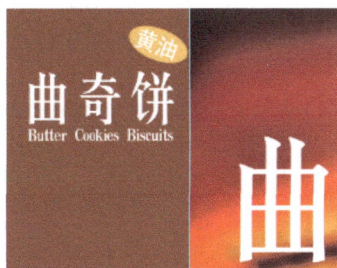

图 12-221　　　　　　　　　　　图 12-222

（6）将前景色设为白色。选择横排文字工具 T，在适当的位置输入需要的文字并选取文字，在属性栏中选择合适的字体并设置文字大小，效果如图 12-223 所示。

（7）选中文字"TAMAHA 黄油曲奇"，如图 12-224 所示。在属性栏中设置适当的文字大小，按 Enter 键确认操作，效果如图 12-225 所示。

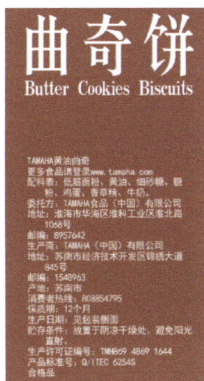
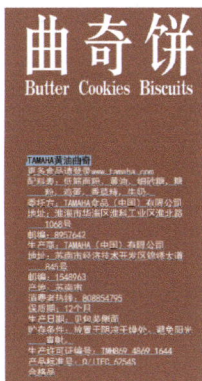
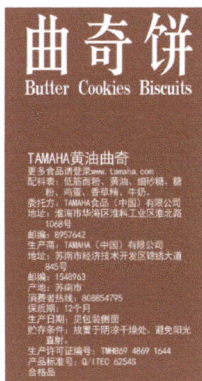

图 12-223　　　　　　　　图 12-224　　　　　　　　图 12-225

（8）按 Ctrl＋O 组合键，打开本书学习资源中的"Ch12 \ 素材 \ 制作曲奇包装 \ 04"文件，选择移动工具 ，将商标图片拖曳到图像窗口中适当的位置，效果如图 12-226 所示。"图层"控制面板中会生成新的图层，将其命名为"商标"，如图 12-227 所示。

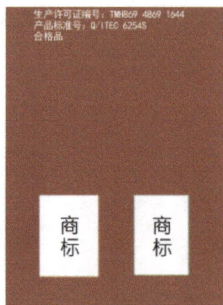
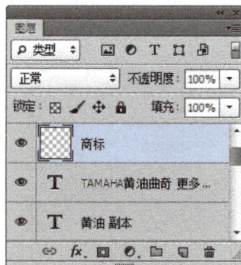

图 12-226　　　　　　　图 12-227

（9）按 Ctrl + O 组合键，打开本书学习资源中的"Ch12 \ 素材 \ 制作曲奇包装 \ 01"文件，选择移动工具，将图片拖曳到图像窗口中适当的位置并调整其大小，效果如图 12-228 所示。"图层"控制面板中会生成新的图层，将其命名为"饼干 2"，如图 12-229 所示。按 Shift+Ctrl+ [组合键，将"饼干 2"图层调整到底层，效果如图 12-230 所示。

图 12-228　　　　　　　图 12-229　　　　　　　图 12-230

（10）在"图层"控制面板中选中"商标"图层，新建图层并将其命名为"色块 5"，如图 12-231 所示。将前景色设为褐色（其 R、G、B 的值分别为 153、63、25）。选择矩形工具，在图像窗口中适当的位置拖曳鼠标绘制图形，效果如图 12-232 所示。

图 12-231　　　　　　　图 12-232

（11）按 Ctrl + O 组合键，打开本书学习资源中的"Ch12 \ 素材 \ 制作曲奇包装 \ 05"文件，选择移动工具，将条形码图片拖曳到图像窗口中适当的位置并调整其大小，效果如图 12-233 所示。"图层"控制面板中会生成新的图层，将其命名为"条形码"，如图 12-234 所示。平面效果图制作完成，如图 12-235 所示。按 Alt+Shift+Ctrl+E 组合键，将可见图层进行盖印，在"图层"控制面板中直接生成"图层 1"，如图 12-236 所示。

图 12-233　　　　　　　图 12-234　　　　　　　图 12-235　　　　　　　图 12-236

3．制作立体效果图

（1）按 Ctrl + N 组合键，新建一个文件，宽度为 18.5 厘米，高度为 26 厘米，分辨率为 300 像素/英寸，颜色模式为 RGB，背景内容为白色。

（2）新建图层并将其命名为"底图"。选择渐变工具，单击属性栏中的"点按可编辑渐变"按钮，弹出"渐变编辑器"对话框，将渐变色设为从淡灰色（其 R、G、B 的值分别为 216、217、219）到白色，单击"确定"按钮。在图像窗口中由中心向右上角拖曳鼠标填充渐变色，效果如图 12-237 所示。

（3）选择矩形选框工具，在图像窗口中绘制出需要的选区，如图 12-238 所示。选择移动工具，将选区中的图像拖曳到新建的图像窗口中，如图 12-239 所示。"图层"控制面板中会生成新的图层，将其命名为"正面"。

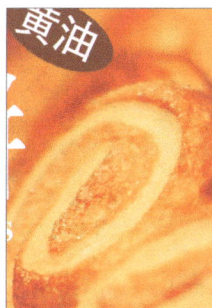

图 12-237　　　　　　　　　　图 12-238　　　　　　　　　　图 12-239

（4）按 Ctrl+T 组合键，图像周围出现变换框，按住 Alt+Shift 组合键的同时，拖曳右上角的控制手柄等比例缩小图片，如图 12-240 所示。按住 Ctrl 键的同时，拖曳右下角的控制手柄到适当的位置，如图 12-241 所示。使用相同的方法调整其他控制手柄，按 Enter 键确认操作，效果如图 12-242 所示。

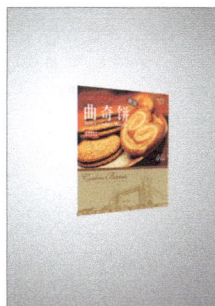

图 12-240　　　　　　　　图 12-241　　　　　　　　图 12-242

（5）选择矩形选框工具[□]，在图像窗口中绘制出需要的选区，如图 12-243 所示。选择移动工具[▸+]，将选区中的图像拖曳到新建的图像窗口中，如图 12-244 所示。"图层"控制面板中会生成新的图层，将其命名为"侧面"。

图 12-243　　　　　　　　　　图 12-244

（6）按 Ctrl+T 组合键，图像周围出现变换框，按住 Alt+Shift 组合键的同时，拖曳右上角的控制手柄等比例缩小图片，如图 12-245 所示。按住 Ctrl 键的同时，拖曳右下角的控制手柄到适当的位置，如图 12-246 所示。使用相同的方法调整其他控制手柄，按 Enter 键确认操作，效果如图 12-247 所示。

图 12-245　　　　　　　图 12-246　　　　　　　图 12-247

（7）在"图层"控制面板中选中"正面"图层，按 Ctrl+J 组合键，复制"正面"图层，生成新的"正面 副本"图层，如图 12-248 所示。按 Ctrl+T 组合键，图像周围出现变换框，将中心点拖曳到下方中间的控制手柄，如图 12-249 所示。单击鼠标右键，在弹出的菜单中选择"垂直翻转"命令，垂直翻转图像，效果如图 12-250 所示。

图 12-248　　　　　　　图 12-249　　　　　　　图 12-250

（8）再次单击鼠标右键，在弹出的菜单中选择"斜切"命令，拖曳右侧中间的控制手柄到适当的位置，如图 12-251 所示，按 Enter 键确认操作，效果如图 12-252 所示。

图 12-251　　　　　　　　　图 12-252

（9）单击"图层"控制面板下方的"添加图层蒙版"按钮 ，为"正面 副本"图层添加图层蒙版，如图 12-253 所示。选择渐变工具 ，单击属性栏中的"点按可编辑渐变"按钮 ，弹出"渐变编辑器"对话框，将渐变色设为从白色到黑色，单击"确定"按钮。在图像窗口中由上至下拖曳鼠标填充渐变色，效果如图 12-254 所示。

图 12-253　　　　　　　　　图 12-254

（10）在"图层"控制面板中选中"侧面"图层，如图 12-255 所示。选择"图像 > 调整 > 亮度/对比度"命令，在弹出的对话框中进行设置，如图 12-256 所示，单击"确定"按钮，效果如图 12-257 所示。

 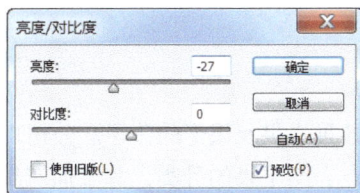 

图 12-255　　　　　　　　　图 12-256　　　　　　　　　图 12-257

（11）按 Ctrl+J 组合键，复制"侧面"图层，生成新的"侧面 副本"图层，如图 12-258 所示。按 Ctrl+T 组合键，图像周围出现变换框，将中心点拖曳到下方中间的控制手柄，如图 12-259 所示。单击鼠标右键，在弹出的菜单中选择"垂直翻转"命令，垂直翻转图像，效果如图 12-260 所示。

图 12-258　　　　　　　图 12-259　　　　　　　图 12-260

（12）再次单击鼠标右键，在弹出的菜单中选择"斜切"命令，拖曳左侧中间的控制手柄到适当的位置，如图 12-261 所示，按 Enter 键确认操作，效果如图 12-262 所示。

（13）单击"图层"控制面板下方的"添加图层蒙版"按钮，为"侧面 副本"图层添加图层蒙版，如图 12-263 所示。选择渐变工具，在图像窗口中由上至下拖曳鼠标填充渐变色，效果如图 12-264 所示。曲奇包装制作完成。

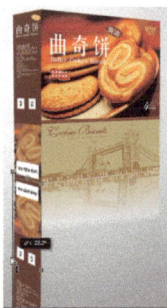   

图 12-261　　　　　图 12-262　　　　　　图 12-263　　　　　　图 12-264

课堂练习1——制作零食包装

练习1.1　项目背景及要求

1．客户名称
食悦优果业。

2．客户需求
食悦优果业是一家专门销售各种水果及果干的公司。公司现阶段新推出一种榴莲水果干食品，需要设计一个榴莲干果包装，重点介绍干果的种类，并添加商品说明等。包装要求画面美观，视觉醒目。

3．设计要求

（1）包装封面使用浅淡的颜色，给人清凉、舒爽的感觉。

（2）将主题图片放在画面中心位置，突出主题。

（3）以真实的产品图片展示，向观众传达真实的信息内容。

（4）整体设计简单明了，能够第一时间传递给用户最有用的信息。

（5）设计规格为 169 毫米（宽）×127 毫米（高），分辨率为 300 像素/英寸。

练习 1.2　项目素材及要点

1．设计素材

图片素材所在位置：本书学习资源中的"Ch12\素材\制作零食包装\01、02"。

文字素材所在位置：本书学习资源中的"Ch12\素材\制作零食包装\文字文档"。

2．设计作品

设计作品效果所在位置：本书学习资源中的"Ch12\效果\制作零食包装.psd"，如图 12-265 所示。

图 12-265

3．制作要点

使用渐变工具和图层蒙版制作背景，使用钢笔工具制作包装底图，使用钢笔工具、渐变工具和图层混合模式制作包装袋的高光和阴影，使用路径面板和图层样式制作包装封口线，使用横排文字工具添加相关信息。

课堂练习2——制作建筑书籍包装

练习 2.1　项目背景及要求

1．客户名称

安氏图书文化有限公司。

2．客户需求

《欧洲建筑史》是一本介绍欧洲建筑的图书，以欧洲著名建筑为例进行解说和分析，是一本不可多得的建筑类图书。现在要求为图书设计封面，设计元素既要符合欧洲的特色，又要突出展现欧洲建筑的魅力，以吸引读者的注意。

3．设计要求

（1）书籍封面具有艺术感，表达出建筑知识的魅力。

（2）设计要使用暗色调的颜色，显得沉稳大气。

（3）添加一些建筑元素，能够丰富画面效果，还能突出主题。

（4）包装展示真实可信，规格符合书籍要求。

（5）设计规格为 239 毫米（宽）×169 毫米（高），分辨率为 300 像素/英寸。

练习 2.2　项目素材及要点

1．设计素材

图片素材所在位置：本书学习资源中的"Ch12\素材\制作建筑书籍包装\01～12"。

文字素材所在位置：本书学习资源中的"Ch12\素材\制作建筑书籍包装\文字文档"。

2．设计作品

设计作品效果所在位置：本书学习资源中的"Ch12\效果\制作建筑书籍包装.psd"，如图 12-266 所示。

图 12-266

3．制作要点

使用图层混合模式、图层蒙版和画笔工具制作封面合成效果，使用横排文字工具和直排文字工具添加相关文字信息，使用色彩平衡命令调整底图颜色，使用扭曲变换命令制作立体图。

课后习题 1——制作 CD 唱片包装

习题 1.1　项目背景及要求

1．客户名称

星星唱片。

2．客户需求

星星唱片是一家涉及唱片印刷、唱片出版、音乐制作、版权代理及无线运营等业务的唱片公司。公司即将推出一张名为《钢琴之夜》的音乐专辑，现需要制作专辑封面，封面设计要围绕专辑主题，注重专辑内涵的表现。

3．设计要求

（1）包装封面使用自然美景图片，使画面看起来唯美自然。

（2）将主题图片放在画面中心位置，突出主题。

（3）整体风格贴近自然，通过包装的独特风格来吸引消费者的注意。

（4）整体风格能够体现艺术与音乐的特色。

（5）设计规格为 210 毫米（宽）× 297 毫米（高），分辨率为 72 像素/英寸。

习题 1.2　项目素材及要点

1．设计素材

图片素材所在位置：本书学习资源中的"Ch12\素材\制作 CD 唱片包装\01～06"。

文字素材所在位置：本书学习资源中的"Ch12\素材\制作 CD 唱片包装\文字文档"。

2．设计作品

设计作品效果所在位置：本书学习资源中的"Ch12\效果\制作 CD 唱片包装.psd"，如图 12-267 所示。

图 12-267

3．制作要点

使用圆角矩形工具、钢笔工具、图层样式和不透明度制作唱片外形，使用横排文字工具和剪贴蒙版制作唱片文字，使用形状工具和剪贴蒙版组合图片制作盘面效果。

课后习题 2——制作红酒包装

习题 2.1　项目背景及要求

1．客户名称

云天酒庄。

2．客户需求

云天酒庄是一家以各类酒品为主要经营范围的企业。现在要为公司最新酿制的红酒制作产品包装，包装设计要与包装产品契合，抓住产品特色。

3．设计要求

（1）使用优美的田园风景揭示出产品自然、纯正的特点，带给人感官上的享受。

（2）设计要体现产品香醇幼滑的口感和优雅的品质。

（3）包装以暗色为主，突显出酒的质感和档次。

（4）标题设计醒目突出，达到宣传的目的。

（5）设计规格为 210 毫米（宽）×29.7 毫米（高），分辨率为 300 像素/英寸。

习题 2.2　项目素材及要点

1．设计素材

图片素材所在位置：本书学习资源中的"Ch12\素材\制作红酒包装\01～09"。

2．设计作品

设计作品效果所在位置：本书学习资源中的"Ch12\效果\制作红酒包装.psd"，如图 12-268 所示。

图 12-268

3．制作要点

使用图层蒙版和图层样式添加酒桶、酒杯和葡萄，使用图层样式制作宣传文字，使用钢笔工具绘制酒瓶，使用画笔工具添加高光和阴影。